# 二氧化钛及其
# 在光催化领域中的应用

雷雪飞  等著

U0230602

化学工业出版社

·北京·

## 内 容 简 介

二氧化钛及钙钛矿型光催化材料，在光催化净水领域受到广泛关注，并在相关领域展现出足够的竞争优势。本书在全面介绍二氧化钛及钙钛矿型光催化材料的基础上，着重对纳米二氧化钛、钙钛矿型光催化材料在光催化还原 $Cr^{6+}$ 单一体系、光催化处理 $Cr^{6+}$-乙酸复合体系、光催化处理 $Cr^{6+}$-柠檬酸复合体系、光催化处理 $Cr^{6+}$-柠檬酸-硝酸铁复合体系的应用进行了介绍，阐述了相关材料结构和组成对于其光催化性能的影响，并结合相关的表征手段，对于相关的光催化性能进行了分析和比较。

本书适宜从事光催化材料以及材料、物理、能源等相关专业的科研人员参考。

**图书在版编目（CIP）数据**

二氧化钛及其在光催化领域中的应用/雷雪飞等著. —北京：化学工业出版社，2024.6
ISBN 978-7-122-45563-5

Ⅰ.①二… Ⅱ.①雷… Ⅲ.①二氧化钛-应用-光催化-材料-研究 Ⅳ.①TB383

中国国家版本馆 CIP 数据核字（2024）第 091510 号

---

责任编辑：邢 涛　　　　　　　　　文字编辑：苏红梅　师明远
责任校对：刘 一　　　　　　　　　装帧设计：韩 飞

---

出版发行：化学工业出版社
　　　　　（北京市东城区青年湖南街 13 号　邮政编码 100011）
印　　装：北京七彩京通数码快印有限公司
710mm×1000mm　1/16　印张 10½　字数 220 千字
2024 年 8 月北京第 1 版第 1 次印刷

---

购书咨询：010-64518888　　　　　　　　售后服务：010-64518899
网　　址：http://www.cip.com.cn
凡购买本书，如有缺损质量问题，本社销售中心负责调换。

---

定　　价：99.00 元

　　光催化是催化化学、光电化学、半导体物理、材料科学和环境科学等多学科交叉的新兴研究领域。环境和能源是 21 世纪人类必须面临和亟待解决的重大问题,光催化以其室温深度反应和可直接利用太阳能作为能源来驱动反应等独特性能,而成为一种理想的环境污染治理技术和洁净能源生产技术。材料、信息技术和生物技术是 21 世纪社会经济发展的重要支柱,光催化材料作为一类重要的功能材料,具有广阔的应用前景。由于 $TiO_2$ 光催化活性高、化学稳定性好、价廉无毒、寿命长、可重复利用而被公认为是最具应用前景的光催化剂。但 $TiO_2$ 较宽的能隙(3.2eV)决定了其只能吸收紫外光波(仅占太阳光 6% 左右)。长期以来,在提高 $TiO_2$ 对太阳能的利用率方面没有取得巨大突破,因此人们仍在寻找新的高效光催化剂。同时,钙钛矿是地球上最多的矿物,由于其全范围的电气性能,人们很早就开始了钙钛矿结构的人造晶体的合成以及对其在铁电、压电、超导等性能方面的研究与应用,另外,在气敏材料、汽车尾气净化、催化有机合成、光催化处理废水等方面,钙钛矿型复合氧化物也表现出了良好的性能。目前存在的主要问题是研究者制备的钙钛矿型氧化物多是用化学试剂在较严格的实验条件下完成的,生产量小、制备成本较高、易烧结、稳定性不够好,很难在实际废水处理中应用。因此,虽然光催化剂的研究已经有几十年的历史,合成技术研究也已形成较多的成果,但把光催化剂应用于工业化规模,尚存在技术与经济的问题。

　　为了推动我国的光催化材料的发展,帮助高校、企业院所的研发,我们编著了《二氧化钛及其在光催化领域中的应用》一书。全书包括七章,主要叙述了纳米二氧化钛、钙钛矿型光催化材料的制备方法、结构,光催化性能的调控以及其在光催化还原 $Cr^{6+}$ 单一体系、光催化处理 $Cr^{6+}$-乙酸复合体系、光催化处理 $Cr^{6+}$-柠檬酸复合体系、光催化处理 $Cr^{6+}$-柠檬酸-硝酸铁复合体系的应用。著者已有十多年从事相关方向的教学、科研以及技术转化为生产力的丰富经验，有光催化材料的结构设计和性能调控的大量实践经历，根据自身的体会以及参考了大量国内外相关文献，进行了本书的编写。第 1 章由罗绍华（东北大学）、陈欢欢（东北大学）和雷雪飞（东北大学）编写，第 2～7 章由雷雪飞编写，全书由雷雪飞统一修改定稿。本书的研究工作和编写得到了河北自然科学基金（E2022501030）、河北省自然科学基金—基础研究专项重点项目（E2021501029）、中央高校基本科研业务费(2023GFZD03 和 N2223009)、东北大学秦皇岛分校河北省电介质与电解质功能材料重点实验室绩效补助经费（22567627H）和河北省电介质与电解质功能材料重点实验室运行经费（14460109）的资助，同时对给予本书启示和参考的文献作者予以感谢。

光催化材料的涉及面广，又处于蓬勃发展之中，著者水平有限，书中不妥之处，敬请专家和读者批评指正。

雷雪飞

2023 年 9 月

# 目 录

# 第1章

## 绪　　论

## 1.1　概述

　　光催化是催化化学、光电化学、半导体物理、材料科学和环境科学等多学科交叉的新兴研究领域[1]。环境和能源是 21 世纪人类必须面临和亟待解决的重大问题，光催化以其室温深度反应和可直接利用太阳能作为光源来驱动反应等独特性能，而成为一种理想的环境污染治理技术和洁净能源生产技术[2]。20 世纪 70 年代世界范围内的能源危机时，前期研究大多限于太阳能的转换和储存。但由于光催化剂较低的量子效率和催化活性，这一研究当时未取得太大进展。20 世纪 80 年代以来，$TiO_2$ 多相光催化在环境保护领域内对水和气相有机、无机污染物的光催化去除方面取得了较大进展。长期的研究表明，光催化方法能将多种有机污染物彻底矿化去除，为各种有机污染物和还原性的无机污染物，特别是生物降解的有毒有害物质的去除，提供了被认为是一种极具前途的环境污染深度净水技术[3,4]。但因研究者制备的光催化材料多是用化学试剂在较严格的实验条件下完成，生产量小，成本高，很难在实际废水处理中应用[5]。因而，虽然光催化材料的研究已经有几十年的历史，合成技术研究也已形成较多的成果，但把光催化材料应用于工业化规模，尚存在技术与经济的问题。

　　我国每年钢铁冶炼生铁时将产生 4 亿吨的含钛高炉废渣。传统的再利用过程是将含钛高炉渣作为混凝土骨料、水泥混合材料、道路水泥等建筑材料，或者作为制取金红石、$TiCl_4$、钛白粉等的原料[6]。将含钛高炉渣像普通高炉渣一样处理，作为水泥或混凝土的组分材料，虽然处理量大，但浪费了渣中的 $TiO_2$；且矿渣中的 $TiO_2$ 含量大于 10% 时，将明显地降低水泥强度[7]。而将其作为制取钛的原料时，$TiO_2$ 的品位又太低，导致成本过高，且易造成二次污染。虽然攀钢集团有限公司（攀钢）高炉渣中 $TiO_2$ 的平均含量约为 24%，但因尚没有整体地、无污染、无新废弃物的利用方法而长期堆弃，不仅造成了潜在的重大灾害隐患和环境污染，而且造成 $TiO_2$ 资源的巨大浪费。因此，探索一条无新废弃物、无新的污染且整体化地将该炉渣制成环境材料并应用于环境治理的新途径，无疑是充满了挑战和机遇的重大课题。

我们课题组从 2001 年开始研究利用含钛高炉渣代替纯 TiO₂ 作为光催化材料，并首次提出了将含钛高炉渣整体作为光催化材料的观点。东北大学杨合等人[8] 利用磁选复合高能球磨以及高温煅烧的方法获得了具有一定光催化活性的含钛高炉渣催化剂，结果表明：600℃获得的光催化剂活性最高，反应 1h 后，亚甲基蓝的脱色率达到 P25 TiO₂ 的 27%。利用含钛高炉渣作为光催化材料，可以充分利用我国现有的固体废物，促进能源的再利用，不但降低光催化材料的成本，而且为我国大量堆积的含钛高炉渣找到合理的利用途径，达到"以废治废"的目的。

# 1.2　二氧化钛的性质与合成

在二氧化钛光催化剂的制备过程中，pH 值、反应温度、反应时间等都会使二氧化钛光催化剂的活性受到不同程度的影响[9-17]。在制备方法上，因采取不同试剂、不同制备技术、不同的反应机制、不同的反应容器等造成的制备方法上的不同，都有可能对光催化剂的活性产生一定的影响[18-24]。如今随着科技的不断进步，有很多制备光催化剂的方法，主要有：气相法、液相法、固相法。其中，液相法应用最为广泛，分为胶溶法、醇盐水解法、溶胶-凝胶法、沉淀法等。

## 1.2.1　气相法

气相制备纳米微粒的方法通常分为两种[25]，一种是不伴随化学反应的物理气相沉积（PCD）法，这种方法的优点是产物的纯度高、晶型结构好、粒度可控；缺点是对设备和技术水平要求高；另一种是有化学反应的化学气相沉积法（CVD），这种方法是利用热源将固体表面的气态物质通过化学反应生成固体沉积物。其优点在于粉体分散性好、纯度高、表面活性大、团聚少；其缺点在于设备复杂、成本高昂、产物不易收集。

## 1.2.2　液相法

液相法的优点在于组分含量可控，反应充分，易于添加掺杂物质，可制备掺杂型抗菌粉体。液相法是将金属盐溶解溶于有机溶剂或水中并混合均匀，利用加入沉淀剂或经历蒸发、结晶、升华、水解等过程，使金属离子均匀沉淀或结晶，烘干后制得粉体。其分为胶溶法、醇盐水解法、溶胶-凝胶法、沉淀法等[26]。

（1）胶溶法

胶溶法[58]将硫酸氧钛通过化学反应生成白色沉淀［TiO(OH)$_2$］，而后利用胶溶反应将 TiO(OH)$_2$ 转变成 TiO(OH) 的溶胶，通过热处理即可制得纳米 TiO$_2$。其优点在于粉体分散性好、烧结活性高；缺点在于生产成本高，不易量产[27]。

（2）醇盐水解法

醇盐水解法由于不引入杂质，利用纯水进行反应，更利于制备高纯度的 TiO$_2$ 粉体。其优点在于反应条件和设备简单、所需能源消耗少；缺点在于需大量有机溶剂来控制水解速度，使成本大幅度提高，可通过有机溶剂的回收和循环使用来降低成本[28]。

（3）溶胶-凝胶法

溶胶-凝胶法[29]一般将低级钛醇盐（钛酸四丁酯）溶于乙醇、丙醇和丁醇等溶液中，然后发生水解反应、失水和失醇的缩聚反应，生成 1nm 左右的颗粒并形成溶胶；溶胶风干形成凝胶；湿凝胶干燥得到干凝胶；而后研磨成粉末并进行焙烧，得到纳米 TiO$_2$ 粉体。反应过程中需加如盐酸、氨水和硝酸等抑制剂来降低钛醇盐的水解反应速率。与其他方法相比，溶胶-凝胶法有以下优点[30]：

① 对于多组分的制品的均匀度很好，可达分子或原子级别；

② 由于原料纯度高，溶剂在反应过程中容易去除，所得制品的纯度也较高；

③ 副反应少，反应易控制。

（4）直接沉淀法

该方法是将沉淀剂加入到含有一种或多种离子的可溶性盐溶液中，组分通过化学反应在整个溶液中缓慢生成沉淀剂[31]。该方法产品颗粒均匀、操作简单易行、产品成本较低、技术要求低；缺点在于易引入杂质、洗涤困难。

（5）水热法

水热法[32] 首先制备钛的氢氧化物凝胶，而后将凝胶转入高压釜内，在高温高压条件下将难溶或不溶的物质溶解并使其结晶，洗涤样品后干燥得到纳米级的 $TiO_2$ 粉体。其优点在于：避免了高温焙烧过程，能直接制得结晶良好的粉体；所制晶粒粒径小、形态完整均匀、团聚现象少；缺点在于设备要求较高，操作复杂[33]。

（6）W/O 微乳法

微乳法或 W/O 反胶团法[34,35] 制备超微粒包括微乳液制备和粒子制备。其优点在于：粒子不易团聚、微粒大小可控、实验装置简单、操作容易。

（7）沉淀法

沉淀法[36] 的优点在于原料价格低廉、工艺简单，是大规模低成本制备纳米 $TiO_2$ 粉体的重要途径；缺点是引入的大量无机阴离子（例如 $SO_4^{2-}$ 或 $Cl^-$ 等）洗涤除去困难、工艺流程长、废液多。沉淀法的原料主要有 $TiCl_4$、$Ti(SO_4)_2$ 和偏钛酸，主要工艺有中和工艺、胶溶工艺、沉淀工艺和水解工艺。

## 1.2.3 固相法

固相法[37,38]是将钛或者钛氧化物按一定的配比混合研磨后进行煅烧，通过固相反应来制备纳米 $TiO_2$ 粉体。常用的固相法有直接沉淀法、电解沉淀法、惰性气体蒸发原位加压制备法、高速超微粒子沉淀法、非晶化法、球磨法等。固相法的主要优点有：成本较低，工艺过程和设备简单。缺点为耗能大；由于固相反应不够充分，因此产物纯度无法得到足够的保证；此外由于固相法通常需要高温煅烧，一般得到的产物粒度较大且分布不均匀。因此固相法只适合于产品纯度和粒度要求不高的情况。

# 1.3 $TiO_2$ 光催化机理

Fujishima 和 Honda[37] 在 1972 年的发现标志着多相光催化新时代的开始。目前广泛研究的半导体光催化剂大都属于宽禁带的 n 型半导体氧化物，已研究的光催化剂有 $TiO_2$、ZnO、CdS、$WO_3$、$Fe_2O_3$、PbS、$SnO_2$、$In_2O_3$、ZnS、$SrTiO_3$、$SiO_2$ 等十几种[39-41]。这些半导体氧化物都具有一定的光催化活性，但其中大多数易发生化学或光化学腐蚀。而 $TiO_2$ 由于光催化活性高、化学稳定性好、价廉无毒、寿命长、可重复利用而被公认为是最具应用前景的也是目前最常用的光催化剂之一[42-44]。

锐钛型 $TiO_2$ 的禁带宽度为 3.2eV，当它吸收了波长小于或等于 387.5nm 的光子后，价带中的电子就会被激发到导带，形成带负电的高活性电子，同时在价带上产生带正电的空穴。电子-空穴对在电场的作用下或通过扩散的方式运动，与吸附在催化剂表面的物质发生氧化或还原反应[45-47]。图 1.1 为 $TiO_2$ 光催化机理示意图，反应方程式如下所示。

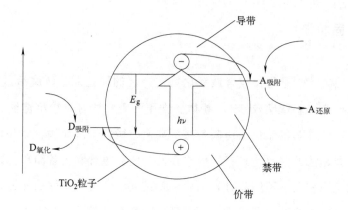

图 1.1 TiO$_2$ 光催化机理示意图[48]

$$TiO_2 + h\nu \longrightarrow h^+ + e^- \tag{1.1}$$

$$e^- + O_2 \longrightarrow O_2^- \tag{1.2}$$

$$O_2^- + H^+ \longrightarrow HO_2 \tag{1.3}$$

$$2HO_2 \longrightarrow O_2 + H_2O_2 \tag{1.4}$$

$$HO_2 + O_2^- \longrightarrow HO_2^- + O_2 \tag{1.5}$$

$$HO_2^- + H^+ \longrightarrow H_2O_2 \tag{1.6}$$

$$H_2O_2 + e^- \longrightarrow \cdot OH + OH^- \tag{1.7}$$

$$H_2O_2 + O_2^- \longrightarrow \cdot OH + OH^- + O_2 \tag{1.8}$$

$$H_2O_2 + h\nu \longrightarrow 2 \cdot OH \tag{1.9}$$

$$H_2O_2 \longrightarrow O_2^{2-} + 2H^+ \tag{1.10}$$

$$h^+ + H_2O \longrightarrow \cdot OH + H^+ \tag{1.11}$$

$$h^+ + OH^- \longrightarrow \cdot OH \tag{1.12}$$

## 1.4　提高 TiO$_2$ 光催化性能的途径

目前，纳米 TiO$_2$ 已被逐渐应用于废水处理、水的纯化及空气净化等环境领域。大量研究表明[49-51]：室温下，$TiO_2$ 具有几乎降解所有有机化合物的能力。但是由于制备的 $TiO_2$ 催化剂的粒径相对较大，比表面积小，导致纳米材料特性不明显，并且它的能带带隙较宽（3.2eV），决定了这类光催化剂只能吸收利用太阳光中的紫外线部分，而这部分能量还不到整个太阳光能量的 6%。所以，提高太阳能利用率成为一个重要问题。而且，由于光激发产生的电子和空穴的复合率高而导致光量子效率降低[52]。因此，如何提高光催化剂的光谱响应、光催化量子效率及光催化反应速率等问题一直是半导体光催化技术研究的焦点。为克服以上缺点，人们进行了大量的研究。①通过改进工艺制备具有量子尺寸效应的纳米颗粒，提高其光催化活性[53-57]；②通过改性 $TiO_2$，如：表面螯合与衍生[58-61]、金属离子掺杂[62-74]、非金属元素掺杂改性[75-77]、半导体耦合[78-83] 和染料敏化[84-87]等，可以延长光生电子和空穴复合的时间，提高光生电子和空穴存在的寿命，进而提高光量子效率；③通过将光催化技术与其他技术相结合，从而进一步提高光催化剂的光催化活性。

## 1.4.1　改进 $TiO_2$ 催化剂的制备技术

晶型结构和颗粒尺寸是制备高催化活性纳米 $TiO_2$ 的重要前提。晶体结构控制一般都可通过热处理来控制。目前，许多研究致力于改进制备技术获取一定量子尺寸效应的纳米颗粒[53-57]。Bessekhouad 等[52] 通过优化控制溶胶-凝胶合成工艺获得了具有较 P25 较高活性的纳米 $TiO_2$ 光催化剂。Xu 等[54] 用水热合成法合成纳米 $TiO_2$ 时发现：催化剂粒径低于30nm 时其活性随着粒径减小明显提高。Ihara 等[55] 通过低温等离子处理技术合成了具有可见光活性的纳米 $TiO_2$ 光催化剂。余家国等[56] 通过低温水热合成不需要经过任何热处理就能制备结晶良好的锐钛矿相纳米 $TiO_2$ 粉末。

## 1.4.2　TiO$_2$ 催化剂表面的螯合和衍生作用

螯合剂在催化剂表面与 TiO$_2$ 螯合能进一步提高界面电荷的迁移速率，使其对吸收光产生红移，并在近紫外和可见光区发生响应，从而提高了可见光的催化活性[58]。通过表面衍生作用也能提高界面电子的迁移率[59]，如：四硫化邻苯菁钴（2+），它是一种有效的光电子捕获剂，可以促进 TiO$_2$ 表面的氧化-还原反应，通过共价键与 TiO$_2$ 表面隧道配位连接。当产生光生电子后，光生电子迁移到 Co$^{2+}$ TSP 表面且形成超氧阴离子自由基。Ranjit 等[60] 也发现：与未改性的 TiO$_2$ 相比较，用邻苯铁（3+）菁改性的 TiO$_2$（Fe$^{3+}$ Pc/TiO$_2$）极大地提高了对氨苯酸、水杨酸等的降解率。Moser 等[58] 研究苯衍生物（如邻苯二甲酸）表面配位胶体 TiO$_2$ 体系的光催化性能时发现：该体系能有效地将导带上的电子转移到溶液中受体上（如 O$_2$）。

## 1.4.3　离子掺杂改性处理 TiO$_2$ 催化剂

### 1.4.3.1　过渡金属离子的掺杂

掺杂过渡金属离子可在 TiO$_2$ 晶格中引入缺陷或改变结晶度，从而影响电子和空穴的复合。由于过渡金属元素多为变价，在 TiO$_2$ 中掺杂少量过渡金属离子可使其形成为光生电子-空穴对的浅势捕获阱，延长电子和空穴复合的时间，从而达到提高 TiO$_2$ 光催化活性的目的。不仅如此，由于多种过渡金属离子具有比 TiO$_2$ 更宽的光吸收范围，可将吸收光进一步延伸到可见光区，有望实现将太阳光作为光源。Choi 等[61] 研究包括 19 种过渡金属离子及 Li$^+$、Mg$^{2+}$、Al$^{3+}$ 三种离子分别掺杂纳米 TiO$_2$ 时发现：掺杂 0.1% ～ 0.5% 的 Fe$^{3+}$、Mo$^{5+}$、Ru$^{3+}$、Os$^{3+}$、Re$^{5+}$、V$^{4+}$ 及 Rh$^{3+}$ 后大大提高了

TiO$_2$ 的光催化氧化-还原性能。然而，掺杂 Co$^{3+}$ 和 Al$^{3+}$ 会降低对 CCl$_4$ 和氯仿的光催化氧化活性。Paola 等[62] 在研究了 Co、Cr、Cu、Fe、Mo、V 和 W 七种过渡金属掺杂纳米 TiO$_2$ 光催化剂降解 4-硝基苯酚后发现：掺杂后 TiO$_2$ 的光催化活性与单一粉末的特殊性能没有直接关系。Gratel 等[63] 也发现：掺杂 Fe、V 和 Mo 后，TiO$_2$ 胶体极大地提高了电子和空穴的寿命。

　　贵金属过渡元素掺杂也是一个研究热点。贵金属沉积会改变半导体的表面性质，进而提高光催化剂的活性。Clovis 等[64] 研究发现：在 TiO$_2$ 光催化剂中添加质量分数（下同）为 1.0％的贵金属（如：Pt 等）可使其对海藻的抑制生长率由 66％提高到 87％。Au 掺杂使金红石相含量增高，而 Au$^{3+}$ 掺杂则使得金红石含量稍微降低。Li 等[65] 研究发现：Au/Au$^{3+}$-TiO$_2$ 光催化剂可有效抑制电子和空穴的复合，提高它在可见光区降解亚甲基蓝的能力。Yamakata 等[66] 合成了掺杂 1％的 Pt/TiO$_2$ 光催化剂，在降解甲醇的实验中发现：甲醇显著影响电子的衰变，阻碍电子和空穴的复合，而空穴对甲醇蒸气并不敏感。Kisch 等[67] 用溶胶-凝胶技术制备了 Pt$^{4+}$/TiO$_2$ 光催化剂，它在可见光照射下可有效降解四氯苯酚。以上表明：一些金属离子的掺杂可提高 TiO$_2$ 的光催化活性；另一些金属离子的掺杂降低了 TiO$_2$ 的光催化活性。Song 等[68] 认为：掺杂金属能提高 TiO$_2$ 的光催化活性，必须具备以下 2 个条件：①掺杂金属要具有适合的能级，能使电子由导带迅速转移至被吸附物的溶液中；②进行光催化反应时，掺杂金属在 TiO$_2$ 表面应表现出好的化学稳定性。因为掺杂金属若被氧化，金属的导带位会降低，能级将会改变，最终因不能够有效阻碍或转移光生电子的迁移而导致光催化活性的降低。

### 1.4.3.2　稀土离子的掺杂

　　国内外有关稀土掺杂纳米 TiO$_2$ 的报道较多[69-73]。Lin 等[69] 报道了 Y$^{3+}$、La$^{3+}$ 和 Ce$^{4+}$ 掺杂纳米 TiO$_2$ 降解丙酮，发现 Y 和 La 的掺杂提高了 TiO$_2$ 的光催化活性，而 Ce$^{4+}$ 的掺杂反而降低了 TiO$_2$ 的光催化活性。Ranjitk 等[70] 的研究表明：与纯 $TiO_2$ 相比，稀土氧化物 $Ln_2O_3$（$Ln^{3+}=$ $Eu^{3+}$，$Pr^{3+}$，$Yb^{3+}$）/$TiO_2$ 复合催化剂对有机污染物的降解能力强得多，认为这是被降解有机物质与稀土离子之间的协同效应进一步提高了催化剂的催化活性。岳林海等[71] 研究了 $Y^{3+}$、$Ce^{4+}$、$Eu^{3+}$、$Tb^{3+}$、$La^{3+}$ 和 $Gd^{3+}$ 掺杂纳米 $TiO_2$ 光催化的活性，认为稀土离子半径和离子价态的变化方式影响着 $TiO_2$ 的催化活性。Xu 等[72] 系统研究了 $Sm^{3+}$、$Ce^{3+}$、$Er^{3+}$、$Pr^{3+}$、$La^{3+}$、$Gd^{3+}$ 和 $Nd^{3+}$ 掺杂纳米 $TiO_2$ 的光催化活性，发现相同条件下掺杂 $0.5\%$ $Gd^{3+}$ 的 $TiO_2$ 对 $NO_2^-$ 的光催化氧化能力最强。周武艺等[73] 发现：掺杂不同稀土离子的 $TiO_2$ 对不同有机化合物具有选择性降解的能力。

### 1.4.3.3　非金属离子的掺杂

目前，有关非金属离子掺杂纳米 $TiO_2$ 的报道较少。Asahi 等[74] 首次以 $TiO_2$ 为靶子，在 $N_2$（$40\%$）/Ar 混合气体中通过溅射法制备了 $TiO_{2-x}N_x$ 涂层，发现其光谱响应明显迁移到可见光区。Umebayashi 等[75] 研究发现：通过将 $TiS_2$ 置于空气中直接热处理后，$TiS_2$ 即可直接转变为 $TiO_2$，并且发现有少量的 S 取代了部分 O 的位置而形成了 Ti-S 键，从而导致 $TiO_2$ 的吸收带边缘转移到更低的能级范围。Jimmy 等[76] 将钛酸四异丙酯混合 $NH_4F \cdot H_2O$ 溶液，通过水解合成了 $F^-$ 掺杂的纳米 $TiO_2$ 光催化剂。结果表明：$F^-$ 掺杂后提高了锐钛矿晶体的含量，阻碍了锐钛矿相向金红石相的转变。此外，它还使吸收光红移。

### 1.4.4　$TiO_2$ 复合半导体

近年来，有许多研究者[78-82] 致力于将 $TiO_2$ 与其他半导体化合物（如：CdS、ZnO、$WO_3$、$SiO_2$、$Fe_2O_3$ 和 $V_2O_5$ 等）制备成复合型半导体，以改变催化剂的光谱响应，提高可见光区光催化的活性。Vogel 等[78] 将 CdS 引入宽禁带半导体 $TiO_2$ 中形成了复合半导体光催化剂，由于这两种半导体的导带、价带的带隙不一致而发生交叠，从而提高光生电荷的分离率，扩展了 $TiO_2$ 的光谱响应。$CdS$-$TiO_2$ 复合体系电荷转移过程如图 1.2 所示[77,78]。Marci 等[79] 研究 $ZnO$/$TiO_2$ 的复合光催化剂在降解 4-硝基苯酚中发现：$ZnO$ 和 $TiO_2$ 复合后的光催化性能并没有明显提高。Tada 等[80] 在碱性玻璃上用溶胶-凝胶法制备了双层（上层为 $TiO_2$，下层为 $SnO_2$）的光催化剂薄膜。这种薄膜对气相反应（如气相 $CH_3CHO$ 的氧化反应）表现出较高的光催化活性。Do 等[81] 通过物理方法将 $WO_3$ 添加到 $TiO_2$ 中发现：$WO_3$ 覆盖在 $TiO_2$ 表面能明显提高它对二氯苯酚的降解率。Li 等[82] 用溶胶-凝胶法制备了 $WO_x$-$TiO_2$ 复合光催化剂，结果表明：制备的 $WO_x$-$TiO_2$ 复合光催化剂在可见光区的活性得到了极大提高。

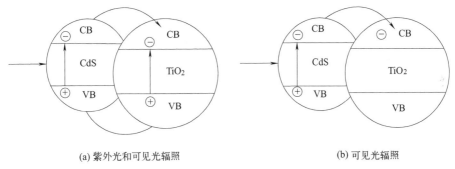

(a) 紫外光和可见光辐照　　　　　　　　　(b) 可见光辐照

图 1.2　载流子在 $TiO_2$ 与 CdS 复合半导体中的转移[77,78]

CB—导带；VB—价带

## 1.4.5　有机染料光敏化处理 $TiO_2$ 催化剂

表面敏化是指光催化剂表面物理或化学吸附一些有机物，经一定波长的光激发后产生光生电子，然后注入到半导体光催化剂的导带上，从而在

$TiO_2$ 中产生载流子的过程。由于 $TiO_2$ 的带隙较宽，只能吸收紫外光区光子。敏化作用可以提高光激发过程的效率，通过激发光敏剂把电子注入到半导体的价带上，从而扩展了光催化剂激发波长的响应范围，使之有利于降解有色化合物。研究[83-85] 表明：一些普通染料（如：赤藓红 B、曙红）、叶绿素、腐殖酸以及钌的吡啶类络合物等常被用作敏化剂。Cho 等[84] 研究在可见光照射下，用 4,4′-乙二酸-2,2′-二吡啶钌敏化 $TiO_2$ 来降解 $CCl_4$，结果表明：$CCl_4$ 的去氯率随氧含量的增加而降低，这是由于导带电子竞争的结果。Bae 等[85] 研究了钌复合敏化剂和贵金属改性 $TiO_2$ 可见光催化剂在降解三氯乙醛和 $CCl_4$ 时发现：制备的复合光催化剂能大大提高污染物降解率。

## 1.5 复合光催化体系在提高 $TiO_2$ 光催化性能中的应用

虽然 $TiO_2$ 具有稳定性好、成本低、光催化活性强、对人体无害等优点而被大范围地应用于环境中，但光催化反应速率慢、光子效率低等缺点制约了其在实际中的应用。为了解决目前存在的技术难题，人们尝试把光催化技术与其他技术结合应用，发现这是一种行之有效的方法。因此，将其他技术与光催化技术组合应用于光催化过程，必将为采用光催化方法消除环境污染提供有意义的结果[86,87]。

### 1.5.1 光催化与氧化剂组合

抑制光生电子-空穴对的简单复合是提高光催化氧化反应速率和效率的重要途径。由于氧化剂是有效的导带电子的捕获剂，外加氧化剂能提高光催化氧化的速率和效率。已发现的能促进光催化氧化的氧化剂有：$O_2$、$H_2O_2$、$S_2O_8^{2-}$、$IO_4^{4-}$、$Fe_2O_3$ 等。许多研究表明[88-92]，有机物在催化剂表面的光氧化速率受电子传递给 $O_2$ 的速率的限制，在此，$O_2$ 作为电子的捕获剂阻止了电子-空穴的简单复合，同时产生的超氧离子 $O_2^{2-}$ 是高度活性的。$O_2$ 和 $H_2O_2$ 是比较理想的电子捕获剂，因为其反应后生成物为 $H_2O$。添加 $H_2O_2$ 等强氧化剂有助于加速 $OH^\cdot$ 的生成，但是投加量需控制在适量的范围，不然会造成氧化剂的浪费，甚至出现负效应。比如过量的 $H_2O_2$ 会与 $OH^\cdot$ 反应生成 $H_2O$ 和 $HO_2{}^\cdot$，进而生成 $H_2O$ 和 $O_2$。

## 1.5.2 光催化与空穴清除剂组合

大量的研究已经证明，在光催化过程中，添加有机物种作为空穴清除剂（"牺牲性"电子供体），能够促进污染物的光催化降解。有机物种直接或间接地接受价带上的空穴，随后被氧化，从而阻止电子与空穴复合，并提高光催化降解效率。研究已经证明，存在水杨酸、草酸盐、氯苯酚、苯酚、染料、腐殖酸、乙酸、柠檬酸，或有机废水，如造纸废水、垃圾渗滤液、印染废水[93-102] 等有机物的情况下，可以快速地清除催化剂表面的光生空穴，抑制电子-空穴对的再结合，因而促进了光生电子还原效率，增加催化剂的光催化活性。此外，Meichtry[101] 等利用定量电子顺磁共振波谱分析 $Cr^{6+}$-柠檬酸复合体系后发现，将近 $15\%$ 的 $Cr^{6+}$ 在光催化过程中转变为 $Cr^{5+}$-柠檬酸络合物，然后逐步转化为 $Cr^{3+}$ 化合物。因此，添加有机物时，不仅消耗了光生空穴，而且有机物与金属离子之间形成络合物，进一步促进了 $Cr^{6+}$ 向 $Cr^{3+}$ 的转化。

## 1.5.3 光催化与电化学组合

人们研究发现，通过电场协助来提高其光催化反应效率是一种有效的手段，即电化学辅助光催化降解技术。这种组合方法是与电极相结合，即在阳极上施加电压，使光生电子更容易离开催化剂表面，简单而有效地分离电子-空穴对，从而提高二氧化钛粒子的光催化效率，以求取得最佳效果[103-105]。

冷文华等[106] 研究了水中苯胺的光催化和光电催化降解行为,结果表明:外加阳极电压可提高二氧化钛薄膜电极的光催化活性。Cheng 等[103] 以 $TiO_2/Ti$ 作为工作电极在 NaCl 溶液中降解 $NO_2^-$ 离子,实验结果表明 $TiO_2/Ti$ 有较高光催化活性。安太成等[107] 研制出一种新型的悬浮态光电催化反应器,实验结果表明,新型悬浮态光电催化反应器具有良好的协同效应,且所需光催化剂的最佳浓度远低于其他同类光电催化反应器的最佳浓度。

### 1.5.4　光催化与超声技术组合

声化学近年来随着超声技术的发展和成熟,取得了突破性进展。人们把光催化和超声技术结合起来考察,发现它们之间存在协同效应。超声技术与光催化组合技术对污染物的降解机理,一般认为超声空化作用引起光催化剂粒子间的高速碰撞,可能使光催化剂微粒活化,同时超声能清洗表面,使附着在光催化剂微粒表面上的氢能快速离开催化剂表面,光催化剂微粒表面又与溶液形成新的界面进行电子和空穴的传递、分离,从而增强了多相光催化反应[108-113]。Kado 等[114] 进行了超声辐射下悬浮二氧化钛光催化氧化丙醇二酸的实验,发现在超声辐射的存在下光催化的反应速率显著增加。Davydo 等[115] 研究了超声波帮助下对不同粒径光催化剂降解水杨酸的性能影响,发现超声帮助对小尺寸的二氧化钛催化剂的催化性能有较大的提高。安太成等[116] 把超声氧化技术与多相光催化技术相结合并且用于活性染料的降解,实验发现超声增强光催化技术可以有效地降解活性染料,而且存在着较强的协同催化降解作用。

### 1.5.5　光催化与微波加热技术组合

随着微波技术的迅速发展,微波加热技术在废气、污水、固体废弃物以及环境监测中的应用越来越广泛。微波加热技术和光催化技术组合联用也引起了人们的注意。Horikoshi 等[117] 研究了紫外光和微波辐射下光催化氧化降解罗丹明 B，发现微波大大地增强了光催化的效果。微波帮助下 TOC 在30min 内的降解率为 62%，而在单独的紫外光下光催化降解率为 30%。艾智慧等[118,119] 采用微波辅助光催化降解 4-氯苯酚和活性艳红 X-3B，反应120min，4-氯苯酚的降解率达到 82.85%，而活性艳红 X-3B 在反应 150min时的脱色率提高到 56.35%。其主要机理可能是由于反应中催化剂对微波的高吸收，催化剂的极化作用很大，在催化剂表面会产生更多的悬空键和不饱和键，从而在能隙中形成更多的缺陷能级，无辐射跃迁的级联过程产生的多声子过程将导致光致电子跃迁概率增大。微波场的极化作用给催化剂带来的缺陷也是电子或空穴的捕获中心，从而进一步降低电子-空穴对的复合率。

## 1.5.6　光催化与生物技术组合

生化工艺强化光催化氧化在废水进行进一步深度处理上取得了很好效果，特别是处理那些对微生物有毒的物质，光催化氧化与生物技术组合更显示出强的优点。光催化氧化和生物氧化对污染物有去除作用，光催化法对色度的去除作用和生物氧化法对溶液 COD 的去除作用分别显示出各自的优势，因此光催化法和生物氧化法的组合可以起到互补的优势。王怡中等[120]将多相光催化氧化法与生物氧化法相结合后，得出先生物氧化、后光催化氧化是一种比较好的联合处理方式，这种组合方式可以体现出两种反应的互补性，尤其对生化处理后的残留色度有明显的改善。李涛等[121] 用光催化氧化-生物工艺，研究了处理有机磷农药废水的可行性。结果表明，难降解废水经 80min 光催化氧化后，在生物段的 COD 去除率可达 85% 以上；在光催化预处理阶段生成的中间产物（对硝基苯酚和磷酸三乙酯）对后续生物处理会产生特别严重的影响。

## 1.5.7 光催化与磁化技术组合

光催化氧化技术与磁化作用组合是一种新的尝试。柳丽芬等[122]选用外加永磁铁的方法实验并且利用泵使水溶液循环回流通过磁场的磁化方式（包括紫外照射前磁化和同时进行紫外照射和磁化两种组合），考察了磁化作用对光催化降解苯酚的影响，发现磁化作用和光催化有协同作用。另外还对不同载体的催化剂作了比较，结果发现，镀锌铁板作载体的催化剂的协同效果比普通玻璃作载体的催化剂效果要好。胡波等[123]研究磁化预处理作用下光催化降解水中有机染料，结果表明，磁化可以提高酸性红 B 溶液对紫外光的吸收，磁化对酸性红 B 溶液 $TiO_2$ 光催化降解过程应有一定的促进作用。杜朝平等[124]对磁场辅助光催化进行了研究，结果表明，磁场能够提高光催化效率，磁场和光催化剂产生协同催化效果。

# 1.6 钙钛矿型光催化剂的制备及应用研究进展

$TiO_2$ 因其稳定的结构和性能、低廉的价格且无毒无害等优点吸引了人们的注意，但 $TiO_2$ 较宽的能隙（3.2eV）决定了其只能吸收紫外光波[125]。长期以来，受 $TiO_2$ 自身结构和合成条件限制，大量研究集中于离子掺杂改性方面的研究，所得到的催化剂的光催化活性有所提高，总体来说，在提高 $TiO_2$ 对太阳能的利用率方面没有取得巨大突破，因此人们仍在寻找新的高效光催化剂。除了 $TiO_2$ 外，近年来，人们已经大大拓展了光催化材料的种类。钙钛矿是地球上最多的矿物，由于其全范围的电气性能，人们很早就开始了钙钛矿结构的人造晶体的合成以及对其在铁电、压电、超导等方面的研究与应用，另外，在气敏材料、汽车尾气净化、催化有机合成等方面钙钛矿型复合氧化物也表现出了良好的性能。近年来，傅希贤、白树林[126,127] 等系统研究了钙钛矿型复合氧化物（ABO$_3$）在光催化方面的性能，结果显示了钙钛矿型复合氧化物在光催化方面具有潜在的应用价值。

## 1.6.1　钙钛矿型光催化剂结构

钙钛矿结构的金属氧化物是指化学组成可用 ABO$_3$ 来表达，晶体结构为立方晶系的复合金属氧化物。其中 A 为离子半径较大（＞0.09nm）的金属离子，通常是碱金属、碱土金属及镧系元素，位于立方体的中心；B 为离子半径较小（＞0.05nm）的金属离子，通常为过渡金属元素以及 Al、Sn 等，位于立方体的顶角；O 为氧离子，位于立方体的棱边[128]。钙钛矿型氧化物 ABO$_3$ 晶体结构示意如图 1.3 所示。A 位离子的作用本质上不直接参与反应，由于系统呈电中性，它可以控制活性组分 B 位离子价态及分散状

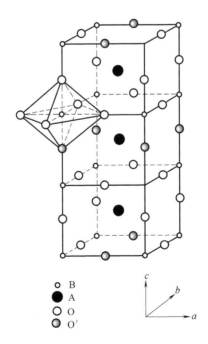

○　B
●　A
○　O
◐　O'

图 1.3　ABO$_3$ 晶体结构示意图

态，起稳定结构的作用[129-131]。B位阳离子是公认的光催化活性组分，其性质对 $ABO_3$ 型复合氧化物的光催化活性有重要的影响[132-134]。在固态过渡金属氧化物中，不是单一的二价氧离子（$O^{2-}$），而是普遍存在着 $O^-$ 的构型（p5 构型的氧缺陷），这会引起极化和双极化效应[135]。易于流动的氧缺陷可以改变氧的化学性能和迁移性能，从而影响氧化物的催化活性[136-139]。

## 1.6.2　钙钛矿型光催化剂的制备方法

制备 $ABO_3$ 型复合氧化物的方法很多，总体上可分为气相法、固相法和液相法三大类。下面介绍几种常用的方法。

### 1.6.2.1　溶胶-凝胶法

溶胶-凝胶法是目前比较常见的一种制备方法。该方法属于液相法，具体方法是用一定比例的无机金属盐或有机金属化合物如醇盐，加入一定量有机物（柠檬酸等）加热搅拌充分配合，形成胶状的溶胶，溶胶可通过干燥等方式转变成陶瓷形态或玻璃态的凝胶，在一定的温度下煅烧就可得到产物。该方法具有设备简单，合成温度低，反应易控制，成本低，产物纯度高、粒径小、分散性好等优点，所以被广泛采用，是制备纳米材料的重要方法之一。范崇政等[140] 曾将其与超临界流体干燥法结合，进一步提高了产物的质量，但设备要求与工艺难度也相应增加。

### 1.6.2.2　共沉淀法

该方法属于液相法，具体方法是以金属硝酸盐溶液为原料，混合后充分搅拌使其反应完全，在这过程中滴加碱性溶液，pH 值控制在 9～11，反应沉降后用去离子水反复洗涤过滤至中性，在 100℃左右干燥数小时，最后高温煅烧数小时得产物。共沉淀法可以得到均匀分散的前体沉淀颗粒，且方法简便，性质稳定，相对于固相混合法，有烧结温度较低和烧结时间较短等特点，所制备的钙钛矿粉末具有较高的比表面积和反应活性，但无法实现反应物在分子水平的均匀分散。共沉淀法对光催化剂粒子的比表面积以及光催化活性的影响，依赖于沉淀过程中胶粒的聚集程度，这使得此方法对粒子比表面积和光催化性能的提高存在一定的局限。宋崇林[141] 等用此法合成了 La-CoO$_3$，并分别用普通干燥、真空干燥和超临界流体干燥三种方法进行处理，证实用超临界流体干燥法制得的产物粒径最小。

### 1.6.2.3　氧化物烧结法

该方法属于固相法，具体方法是将有关的金属碳酸盐或金属氧化物，经粉碎，然后按一定的化学计量比混合，在较长时间、高温下（一般超过800K）煅烧而成。其优点是操作简单，成本较低，制备的样品性能优良，机械强度高，并具有较好的活性和抗中毒能力。但以此方法制得的产品粒径和均匀性较差，且易引入杂质，煅烧过程中温度过高容易造成催化剂的烧结和团聚，从而降低催化性能。夏熙[142] 等用此法合成 LaCo$_y$Mn$_{1-y}$O$_3$，平均粒径为 50nm。

此外，还有非晶态配合物法、微乳液法、非晶态分子合金法、醋酸盐法、草酸盐热分解法、水热法等[143-146]。

## 1.6.3　钙钛矿型光催化剂的应用研究

钙钛矿型光催化剂以它特有的结构在光催化领域成为国内外研究的热点，主要应用于光催化分解水制氢、降解有机染料、光催化还原 CO$_2$ 制备有机物、光降解有机污染物等重要光催化过程，向人们展示了比半导体光催化材料更诱人的应用前景。

### 1.6.3.1　光催化分解水制氢气

近年来，钙钛矿型氧化物光催化分解水制取氢气清洁能源备受关注，对钙钛矿型和层状钙钛矿型氧化物的光催化研究已做了大量的工作。大量研究结果表明：钙钛矿型光催化剂，在光的照射下发生氧化还原反应，光解水使其分解制备 $H_2$ 和 $O_2$ 有着诱人的前景[147-149]。Kato 等[150] 制备出一系列碱金属钽酸盐光催化剂光解水，在碱金属离子过剩的情况下，光催化活性：$KTaO_3 < NaTaO_3 < LiTaO_3$。这不仅是由各催化剂内部能带的大小所致，也与它们激发能量的迁移有关。Machida 等[151] 制备出单相层状钙钛矿型氧化物 $RbLnTa_2O_7$（Ln＝La，Pr，Nd，Sm），在紫外光照射下，显示出光催化活性，能使水按化学计量比分解成 $H_2$ 和 $O_2$。Yin 等[152] 发现在不同的水溶液中，同一催化剂可能表现出不同的光催化活性。对 $BaNi_{1/3}M_{2/3}O_3$（M＝Nb，Ta）和 $BaZn_{1/3}M_{2/3}O_3$（M＝Nb，Ta）的研究发现，含 Nb 催化剂因具有较窄的能隙和较小的比表面积而在光分解甲醇水溶液制取氢气的反应中表现出更高的催化活性。

### 1.6.3.2　光催化降解有色有机物染料

目前，国内利用钙钛矿型光催化剂降解有机染料的研究占多数[153-155]。傅希贤等[126,133] 在这方面做了深入的研究，对催化剂 B 位离子用不同过渡金属取代，结果为从 $LaCrO_3$ 到 $LaCoO_3$，B 离子的电负性逐渐增大，酸性红 B 脱色率提高，光催化活性增强。孙尚梅等[156] 利用溶胶-凝胶法合成的 $La_{0.8}Sr_{0.2}CoO_3$ 对多种染料的光催化降解率（即脱色率）均可达 85％ 以上。徐科等[157] 以由溶胶-凝胶法合成的 $NdFeO_3$ 为光催化剂，对含有硝基的偶氮染料进行降解，在很短的时间内偶氮染料的脱色率即可达到 82％。赵晓华等[158] 利用共沉淀法制得的 $LaNiO_3$ 光催化剂对水溶性染料偶氮蓝进行光催化降解的实验结果表明，50mg $LaNiO_3$ 在 80min 可降解 90％以上的偶氮蓝，回收的催化剂经 800℃灼烧 1h 后仍具有较好的光催化活性。杨秋华等[159] 利用 $SrFeO_{3-\delta}$ 光催化降解活性翠蓝 KGL，在 2h 内活性翠蓝 KGL 的脱色率达到 78％。桑丽霞等[160] 利用 $SrFeO_3$ 光催化降解酸性红 3B、活性翠蓝 KGL、弱酸性蓝 2RB、酸性橙Ⅱ等染料溶液的脱色率均在 95％以上。

### 1.6.3.3　光催化降解气相有机污染物

在气相反应中的高效钙钛矿型光催化剂需满足两个基本条件：高比表面积和高结晶性。这是因为绝大部分光催化反应都发生在催化剂表面，高比表面积更有利于催化反应；另外，催化剂中的晶格缺陷提供了光生电子和空穴再复合的场所，降低了催化剂的光催化活性，所以高结晶性对于光催化剂也非常重要。Hwang[161] 在不同煅烧温度下制备了负载 Ni 的 $La_2Ti_2O_7$ 光催化剂，光降解 $CH_3Cl$ 气体，结果表明只有当 Ni 负载量在 0.2％～0.4％范围内对 $CH_3Cl$ 才有光催化活性。

## 1.7　光催化技术发展方向及存在问题

光催化是涉及化学、物理、材料、工程等学科的交叉领域。近年来，人们对光催化剂及光催化体系都进行了卓有成效的研究，取得了较好的结果。目前，广泛使用的催化剂主要有两类。一类是以 $TiO_2$ 为主的半导体光催化剂。由于 $TiO_2$ 具有稳定性好、成本低、光催化活性强、对人体无害等优点而被大范围地应用于环境中。但是，在实际应用过程中仍有许多问题需要解决。如 $TiO_2$ 直接利用太阳光进行光催化分解的效率较低；光生电子-空穴的复合率较高，导致其光催化性能降低，离工业化还相当遥远，仅处于基础研究阶段；光催化剂的成本较高，合成工艺复杂、重复性差；在光催化剂的应用途径上，难以在既保持了高的催化活性又满足特定材料的理化性能要求的前提下在不同材料表面均匀、牢固地负载催化剂，使得催化剂难以分离；催化剂在悬浮相中易团聚，导致了反应过程中分散均匀性问题。另一类是以钙钛矿型复合氧化物为代表的光催化剂。钙钛矿是地球上最多的矿物，由于其全范围的电气性能，人们很早就开始了钙钛矿结构的人造晶体的合成以及对其在铁电、压电、超导等方面的研究与应用，另外，在气敏材料、汽车尾气净化、催化有机合成等方面钙钛矿型复合氧化物也表现出了良好的性能。近年来，又系统研究了钙钛矿型复合氧化物（$ABO_3$）在光催化方面的性能，结果显示钙钛矿型复合氧化物在光催化方面具有潜在的应用价值。目前存在的主要问题是研究者制备的钙钛矿型氧化物多是用化学试剂在较严格的实验条件下完成的，生产量小，成本高，很难在实际废水处理中应用。因此，虽然光催化剂的研究已经有几十年的历史，合成技术研究也已形成较多的成果，但把实验室制备的光催化剂应用于工业化实践，尚存在技术与经济的问题。

虽然人们对光催化剂进行了许多研究，但无论是基础研究还是应用研究都还有许多问题尚待深入。今后的研究主要集中在以下几个方面：①对于光催化剂的制备，固相反应法成本较低，但成分控制和形态控制较差，且合成的催化剂活性不高；溶胶-凝胶法制备的催化剂一般活性较高，但合成成本太高，不适合大规模生产。因此，以较低的成本合成较高光催化性能的光催化剂是今后深入研究的方向。②寻找具有实际应用价值的、质优价廉的光催化剂，改进其制备工艺，降低烧结温度，研究在不同载体上的光催化活性等，是值得关注的课题。③通过离子掺杂、复合、改进结构等改性手段以提高催化剂的光催化活性。④拓展光催化剂可利用的光谱范围，尤其是开发可见光条件下的光催化剂。⑤深入研究半导体氧化物光催化剂的催化机理，进一步探索光催化剂催化活性与光催化材料的种类、结构、用量、制备方法、所负载体、酸度、溶解氧、光照时间及光源等因素的关系，为光催化剂的材料设计奠定基础。⑥对于光催化剂的应用研究，目前比较关注光解水、光催化氧化水溶性染料、气相光催化等单一体系，应积极拓宽光催化的应用范围，比如处理有机和无机污染物共存的复杂体系，加强光催化剂的应用研究。⑦加强光催化剂在能源等重大社会问题中的应用研究，为社会的可持续发展奠定基础。

# 第 2 章

# 二氧化钛光催化活性的研究

## 2.1　概述

光催化涉及催化化学、材料科学等领域。由于光催化直接利用太阳能作为光源，从而成为一种理想的环境污染治理技术[27-31]。长期的研究表明，光催化能将多种有机、无机污染物，特别是一些有害物质直接去除，被认为是一种极具前途的洁净生产技术。目前，研究较多的光催化剂大多数为氧化物，且带隙比较宽，即属于 N 型的半导体氧化物，例如，ZnO、CdS、$WO_3$、$Fe_2O_3$、PbS、$SnO_2$、$In_2O_3$、ZnS、$SrTiO_3$、$SiO_2$ 等十几种。尽管这些半导体氧化物都具有一定的光催化活性，但大多数化学性质不稳定。而$TiO_2$ 无毒、化学性质稳定、不易被腐蚀，具有高效的光催化活性，且没有中间产物生成，成本低廉，可重复利用，被公认为是应用前景最广阔的光催化剂之一。水热法是目前在化学实验室研究得最多的方法。水热法是指在密封的压力容器中，化学反应在高压下，以水溶液或在水蒸气中进行反应，从而可以在低温条件下制备 $TiO_2$。水热法能直接制备出结晶度良好、纯度较高的粉体，而且不需要后续的热处理，能有效避免团聚现象。另外，利用多种溶剂本身的特性，为更加明了地理解化学反应的实质提供了理论依据。

## 2.2　工艺流程

实验所用仪器主要为 XPA-4 型流动式光化学反应器（如图 2.1 所示）。它主要由汞灯控制器以及反应器、储液槽、磁力搅拌器、蠕动泵、微型流量计等部分组成，其中汞灯为 500 W 中压汞灯。光源的波长范围及相对能量见表 2.1。实验还需使用 ZQJ 型紫外线强度计，UV-2550 型紫外-可见分光光度计。

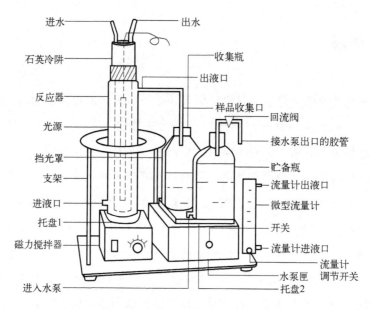

图 2.1　光化学反应装置

**表 2.1　中压汞灯的波长范围及相对能量**

| 波长范围/nm | 265.2～265.5 | 296.7 | 302.2～302.8 | 312.6～313.2 | 365.0～366.3 | 404.5～407.8 | 435.8 | 546.1 | 577.0～579.0 |
|---|---|---|---|---|---|---|---|---|---|
| 相对能量/% | 15.3 | 16.6 | 23.9 | 49.9 | 100.0 | 42.2 | 77.5 | 93.0 | 76.5 |

　　光催化还原实验在流动式光化学反应器中进行，反应器中心设有一只 500 W 的中压汞灯，在灯和反应液之间用石英冷阱隔开，石英冷阱内循环冷却水，利用循环冷却水保持反应液温度基本恒定。实验过程中控制反应温度在 25℃ 左右。称取一定量的催化剂加入 1000mL 含有一定浓度的 $Cr^{6+}$ 溶液的储液槽中，通过磁力搅拌维持反应器中催化剂处于悬浮状态，通过蠕动泵使得反应液在储液槽和反应器中循环。进行光催化反应前，在黑暗中搅拌反应液直到溶液浓度不再变化，达到吸附/脱附平衡为止。光催化反应过程中，每隔固定时间取样。样品经离心、过滤后，采用二苯碳酰二肼比色法，用 UV-2550 紫外-可见分光光度计在 540nm 处测定滤液的吸光度，并根据标准曲线换算成为相应的浓度。催化剂的催化活性通过测定 $Cr^{6+}$ 光催化还原效

率 $\eta$ 来评价。

$$\eta = [(C_0' - C_t)/C_0'] \times 100\% \qquad (2.1)$$

式中，$C_0'$ 为达到吸附平衡后的浓度作为光催化反应的初始浓度；$C_t$ 为 $t$ 时刻反应液中 $Cr^{6+}$ 的浓度。实验中 $Cr^{6+}$ 的浓度采用二苯碳酰二肼比色法测定。

## 2.3 XRD 结果分析

### 2.3.1 pH 对 XRD 的影响

图 2.2 为在不同 pH 值的条件下样品的 XRD 谱图。如图所示，与标准的 PDF 卡片对比，衍射峰 $2\theta$ 为 25.32°、37.84°、48.07°、53.95°、55.10° 分别对应晶面为 [101]、[004]、[200]、[105]、[211] 的衍射峰，为锐钛矿型 $TiO_2$ 的特征峰。衍射峰 $2\theta$ 为 27.58°、36.17°，分别对应晶面 [110]、[101] 的衍射峰，为金红石型 $TiO_2$ 的特征峰。衍射峰 $2\theta$ 为 31.08°处，所对应晶面 [121] 的衍射峰，为板钛矿型 $TiO_2$ 的特征峰。pH＝1 时，制备的纳米 $TiO_2$ 为混晶结构，且锐钛矿相所占比例为 82% 左右。由于混晶结构的存在，各种晶型生长不完整甚至含有部分非晶体，晶体整体存在缺陷，呈无序排列。从图中可以明显看出，pH＝1 的衍射特征峰宽化且弱。当 pH 值从 1 逐渐增加到 5 时，金红石的特征峰消失，板钛矿的特征峰逐渐减弱，且特征峰由宽变窄，这说明 pH 升高不利于金红石相、板钛矿相的形成，但锐钛矿相结晶度有所提高。这与酸性条件下有利于金红石相、板钛矿相的结论相似[49]。继续增加 pH 值，板钛矿相的特征峰消失，锐钛矿相特征峰越来越强。当 pH＝9 时，样品为锐钛矿型纳米 $TiO_2$，其特征峰变得尖锐，$2\theta$ 为 25.32°处的特征峰最为明显。这说明增加 pH 值有利于锐钛矿型 $TiO_2$ 的

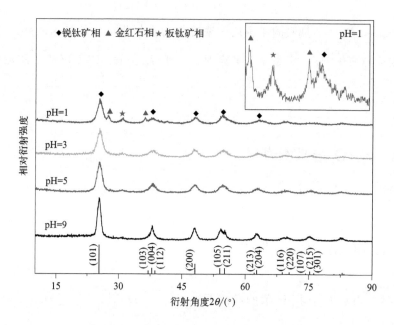

图 2.2 不同 pH 值下样品的 XRD 谱图

生长。由此可见，pH 值是控制纳米 $TiO_2$ 晶型的一个重要因素。

由图 2.2 可知，利用水热法制备的纳米 $TiO_2$，其特征衍射峰出现不同程度的宽化现象，而且衍射强度低，这是由结晶度低造成的。因此，我们为了提高 $TiO_2$ 的结晶度，将由不同 pH 值制得的样品置于 500℃进行退火处理。煅烧后样品的 XRD 谱图如图 2.3 所示。从图 2.3 可以看出，经过煅烧后的样品，特征峰逐渐变得尖锐，衍射强度增强。说明在煅烧过程中，三种晶相均发生再结晶过程，晶粒继续长大，从而提高了纳米 $TiO_2$ 的结晶度。并且图 2.2 和图 2.3 对比可以发现，pH=3、pH=5、pH=9 样品煅烧前后均为锐钛矿，这说明 500℃时晶体并未发生相变。通常认为 700℃时锐钛矿型 $TiO_2$ 才能够相变为金红石型，与本实验相符。

图 2.4 为 pH=1 样品煅烧前后 XRD 谱图的对照。与标准的 PDF 对照可知，煅烧后 pH=1 的样品晶型发生转变。锐钛矿相有所减少，而金红石

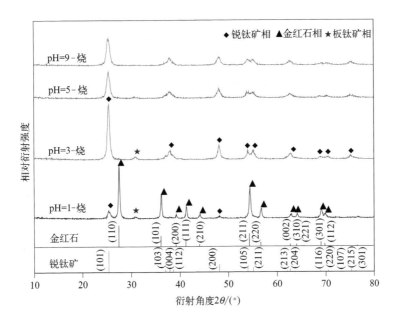

图 2.3　不同 pH 下样品煅烧后的 XRD 谱图

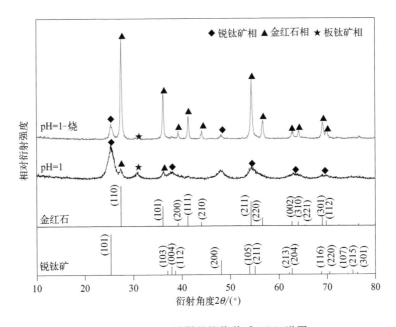

图 2.4　pH＝1 的样品煅烧前后 XRD 谱图

相增多，金红石相变为主相，且晶粒尺寸也在增大。这说明高温有利于金红石相的生长。

## 2.3.2　反应时间对 XRD 的影响

图 2.5 为不同反应时间下样品的 XRD 谱图，对照标准 PDF 卡片可知，衍射峰 $2\theta$ 为 25.32°、37.84°、48.07°、53.95°、55.10° 分别对应晶面为 ［101］、［004］、［200］、［105］、［211］ 的衍射峰，为锐钛矿相。衍射峰 $2\theta$ 为 31.08°对应晶面为 ［121］ 的衍射峰，为板钛矿相。从图中可以看出，当反应时间为 4h 时，衍射峰宽化且衍射强度弱。随着反应时间的增加，主峰逐渐尖锐，表明锐钛矿晶粒在一定程度上有所增大。另外，板钛矿相的衍射峰也逐渐出现。但是，对照反应时间为 4h 和反应时间为 16h 的样品谱图，特征峰变化不是很明显。由此可见，反应时间在一定范围内对纳米 $TiO_2$ 制备过程的影响并不是很大。

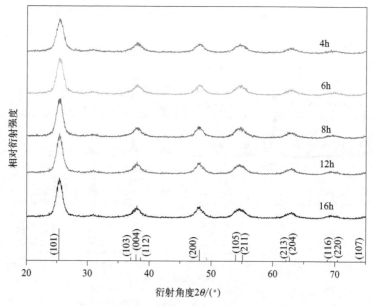

图 2.5　不同反应时间下样品的 XRD 谱图

# 2.4 UV-Vis 漫反射光谱分析

## 2.4.1 不同 pH 样品的紫外-可见光漫反射吸收光谱

图 2.6 为不同 pH 样品的紫外-可见光漫反射吸收光谱。由图 2.6 可以看出，不同 pH 值的纳米 $TiO_2$ 对光的吸收有很大的区别。pH=9 的样品在紫外区域（200～400nm）呈现出最高吸收性能，但在可见光区域（400～800nm）却有最弱的响应曲线。pH=1、pH=3、pH=5 时，在紫外区域呈现出较高的吸收性能，这是由于 pH=9 时，样品主要是锐钛矿型纳米 $TiO_2$，而锐钛矿型纳米 $TiO_2$ 光吸收阈值为 387nm（取决于本身的禁带宽度）。随着 pH 值的降低，由 XRD 分析可知，逐渐出现金红石型纳米 $TiO_2$，

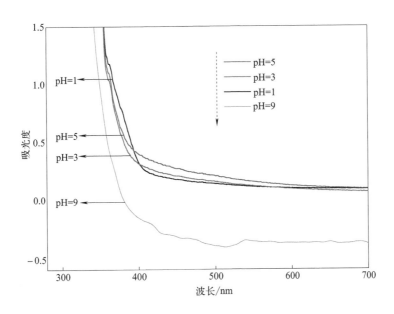

图 2.6 不同 pH 样品的紫外-可见光漫反射吸收光谱

而金红石型纳米 $TiO_2$ 的光吸收阈值为 413nm，要小于锐钛矿型纳米 $TiO_2$ 光吸收阈值。所以，光谱的吸收边发生红移，逐渐达到 400nm 以上。当 pH＝1 时，纳米 $TiO_2$ 对可见光的吸收能力最高，吸收带达到 440nm 以上，在可见光下的吸收稍微增强。结合 XRD 分析，当 pH＝1 时，金红石相衍射强度最高，且为混晶结构，混晶可以产生协同效应，形成复合半导体结构，降低了带隙宽度，从而提高了对可见光区域的响应。

## 2.4.2  不同反应时间样品的紫外-可见光漫反射吸收光谱

图 2.7 为不同反应时间下样品的紫外-可见光漫反射吸收光谱。从图 2.7 可知，不同反应时间的样品在紫外光区域，有较高的响应曲线，但对可见光有较低的吸收能力。其中，在反应时间为 4h 时，纳米 $TiO_2$ 的吸收带最高为 420nm，其他差别不大。这主要是因为，样品均为锐钛矿型纳米 $TiO_2$，锐钛矿型纳米 $TiO_2$ 的吸收阈值为 3.2eV，对紫外光有较高的吸收，另外由

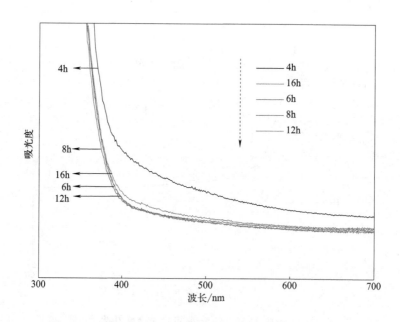

图 2.7  不同反应时间下样品的紫外-可见光漫反射吸收光谱

XRD 分析可知，随着反应时间的增加，有板钛矿型纳米 TiO₂ 出现，其吸收阈值为 3.3eV，对可见光的吸收能力更差，所以样品对可见光的吸收性能逐渐降低。由此可见，反应时间对样品响应光的范围并没有特别大的影响。

## 2.5  光致发光光谱（PL）分析

为了探究荷电载流子的迁移效率和电子-空穴对的本相复合，我们采用 PL 技术对样品进行检测。图 2.8 为不同 pH 值下样品的光致发光光谱。可以看出，在 398nm、468nm 处，谱图显示出两个特征峰。其中，在 398nm 处的特征峰，这是由于 TiO₂ 的禁带被激发的特征峰，而位于 468nm 处的特征峰是由于价带电子与导带电子的本相复合所辐射的特征峰。不同样品所显示出的特征峰的位置是相同的，但是峰的强度有所不同。由图可见，强度按照 pH=9＞pH=3＞pH=1＞pH=5 的顺序逐渐减小，发光强度越高，则电子-空穴对本相复合率高，不利于光催化反应的进行；反之，则有效抑制

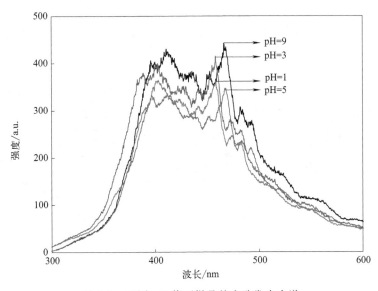

图 2.8  不同 pH 值下样品的光致发光光谱

电子-空穴对本相复合，增大光催化反应效率。由此可见，pH＝9时，能够提高光生电子的迁移率，有效抑制电子-空穴对的复合，有较高的光催化性能。

## 2.6 扫描电镜（SEM）分析

为了更好地探究样品的形貌特征，本书采用 SEM 对样品进行检测。图 2.9 为不同 pH 下，纳米 TiO$_2$ 的 SEM 图像。如图 2.9（a）所示，图中样品，大小不均一，粒径在 10～20nm 之间不等，且有明显的团聚现象。这与

图 2.9  不同 pH 值下样品的 SEM 图像

（a）pH＝1；（b）pH＝3；（c）pH＝5；（d）pH＝9

XRD 结果相符。这是因为在 pH=1 时，样品为混晶结构，晶粒生长不完整，结晶度低，有部分非晶存在，晶间结构无序。随着 pH 值增加，晶体尺寸趋于规整，但依然存在团聚现象。如图 2.9（d）所示，pH=9 时样品大小较均一，粒径在 20nm 左右。由此可见，随着 pH 值的增加，样品结晶度有所提高，晶粒排列逐渐规整，这与 XRD 相符。

## 2.7　比表面积及孔径分布（BET）分析

图 2.10 和图 2.11 为不同 pH 值样品的氮气吸附-脱附等温线和孔径分布。可以看出，4 种样品等温曲线显示出低压上伏，复合 IV 型吸附等温曲线，而滞后环接近 $H_2$ 型，说明样品存在无序的堆积孔结构（2～50nm），这是由纳米 $TiO_2$ 晶粒团聚造成的。从表 2.2 可以看出，随着 pH 值的增加，纳米 $TiO_2$ 的比表面积逐渐减小。pH=1 样品的比表面积最高。这主要是由

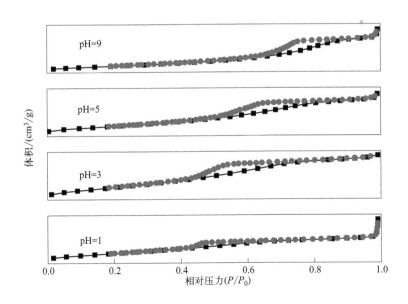

图 2.10　不同 pH 下样品的吸附脱附等温线

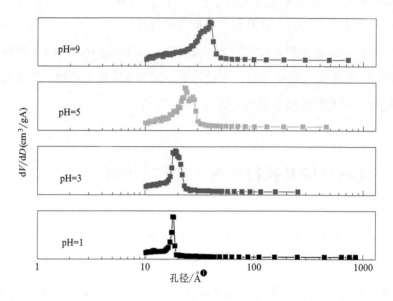

图 2.11　不同 pH 下样品的脱附孔体积分布图

于混晶结构的存在，晶体表面光滑程度变差，形成高低不平的原子台阶，极大地增加了比表面积。这与 XRD 结果相符。另外，除 pH＝1 的样品外，随着 pH 的减小，平均孔半径呈现出逐渐减小的趋势，这有利于提高载流子的利用率。综上所述，pH＝1 的样品比表面积最大，有较低的孔半径，从而具有较高的光催化活性。

表 2.2　不同 pH 样品的物理性质

| 样品名称 | 比表面积/（m²/g） | 孔容积/（cm³/g） | 平均孔半径/Å |
| --- | --- | --- | --- |
| pH＝1 | 226.425 | 0.403617 | 35.7 |
| pH＝3 | 220.653 | 0.270128 | 24.5 |
| pH＝5 | 195.944 | 0.336461 | 34.3 |
| pH＝9 | 126.389 | 0.344445 | 54.5 |

❶ 1Å＝$10^{-10}$ m。

## 2.8　可见光催化剂还原 Cr$^{6+}$ 的分析

### 2.8.1　pH 对紫外光催化还原 Cr$^{6+}$ 的影响

在不同 pH 值条件下制备纳米 $TiO_2$，样品的光催化还原效率如图 2.12 所示。从图中可以看出，在紫外光下，随着 pH 值的降低，Cr$^{6+}$ 的光催化还原效率先降低后升高。当 pH＝1 时，光催化效率最高，接近 100%。通常来讲，光催化效率跟产物的物相、对光的吸收、比表面积以及孔径有关。由 XRD 分析可知，当 pH＝1 时，样品为锐钛矿型 $TiO_2$、金红石型 $TiO_2$ 的混晶结构，这两种不同晶型的 $TiO_2$ 类似复合半导体结构，由于禁带宽度不同，形成掺杂能级，有效地抑制了电子-空穴的本相复合，从而提高光催化效率。另外，由比表面积及孔径分析可知，pH＝1 制备的样品具有最高的比表面积以及较低孔半径，增大了载流子的迁移效率，提高了样品的吸附性和反应的接触面，导致光催化效率提高。随着 pH 值的增加，晶体的结晶度逐渐提高，减少了晶粒缺陷，光催化效率也随之增大，所以 pH（3～9）样品的光催化效率有逐渐增加的趋势。综上所述，当 pH＝1 时，纳米 $TiO_2$

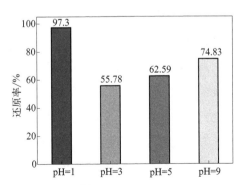

图 2.12　不同 pH 值下 Cr$^{6+}$ 的光催化效率（紫外-可见光下，30min）

光催化活性最大，还原效率最高。同时也说明，在紫外-可见光下的催化效率，结晶度及晶体类型为主要的影响因素。

图 2.13 为可见光下不同 pH 值的 $TiO_2$ 还原 $Cr^{6+}$ 的光催化效率。如图所示，与在紫外-可见光下相比，各个样品的光催化效率相对偏低。其中，pH＝1 时，还原率最高；pH＝9 时，还原率最低。这与紫外-可见光漫反射分析结果基本相符。如图 2.13 所示，当 pH＝9 时，样品在可见光区域吸收最弱，而 pH＝1 的样品发生明显的红移，在可见光区的吸收最强。同时由比表面积及孔径分布（BET）分析可知，当 pH＝9 时，比表面积最小，且孔半径最大，这导致样品表面的反应活性位点少，降低了载流子利用率，导致光催化效率最低。

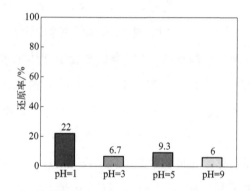

图 2.13　不同 pH 值下 $Cr^{6+}$ 的光催化效率（可见光下，30min）

图 2.14 为不同 pH 下样品煅烧前后在可见光下还原 $Cr^{6+}$ 的光催化效率对比，将样品煅烧之后，除 pH＝1 的样品之外，光催化反应效率都高于未煅烧的样品。经 XRD 分析可知，样品经过一定温度的煅烧之后，衍射峰锐化，结晶度得到明显改善。在 pH＝1 时，样品为混晶结构，具有独特的混晶效应，但经过煅烧之后，高温有利于金红石相的生长，少部分锐钛矿相晶粒转变为金红石相，导致金红石相成为主相，而金红石相的光催化活性要远远低于锐钛矿相，失去了原有的混晶结构。所以，经过煅烧之后产物的光催化效率要低于未煅烧的样品。但从整体来说，煅烧提高产物的稳定性，提高

结晶度，晶体本身的不利缺陷逐渐消失，从而使光催化效率得到明显的提高。

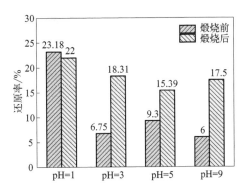

图 2.14 不同 pH 下样品煅烧前后 $Cr^{6+}$ 的光催化效率对比（可见光下，1h）

## 2.8.2 反应时间对可见光下光催化还原 $Cr^{6+}$ 的影响

图 2.15 为紫外-可见光下不同反应时间还原 $Cr^{6+}$ 的光催化效率。可以看出，随着时间的变化，光催化效率并没有很大区别，还原率基本在 60%左右。与随 pH 变化的样品相比，还原率相对偏低。这主要是因为在改变反

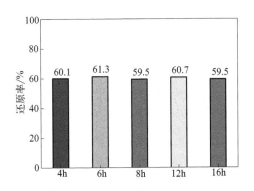

图 2.15 不同反应时间下 $Cr^{6+}$ 的光催化效率（紫外-可见光下，30min）

应时间的条件下，样品皆为锐钛矿相，且结晶度低，晶体结构不完整，从而导致光催化效率降低，另外，由 XRD 分析可知，随着时间变化，有板钛矿相出现，而板钛矿相热稳定性和光催化活性相对较差，导致还原率低。可以看出，反应时间在一定范围内对光催化效率的影响不大。综上所述，从节约能源和结晶度的角度考虑，反应时间为 6h 最佳。

## 2.9　正交实验设计

为优化纯纳米 $TiO_2$ 光催化剂的制备条件，探索多因素耦合状态下光催化反应体系的最佳设计，实验采用正交实验设计的方法，以最少的实验量来确定最优的实验参数。实验中综合考虑了影响 $Cr^{6+}$ 光催化还原效率的若干因素，设计了以反应时间、反应温度、TEOT 的量、无水乙醇的量为考察因素的四因素三水平正交实验（如表 2.3），反应时间设定为 4h、6h、8h，反应温度设定为 140℃、160℃、180℃，TEOT 的量设定为 4mL、5mL、6mL，无水乙醇的量设定为 10mL、15mL、20mL。由上述分析可知，pH＝1 时光催化效果最好，所以正交实验的 pH＝1。

表 2.3　反应条件的正交实验设计表

| 序列 | 影响因素 | 水平 1 | 水平 2 | 水平 3 |
|---|---|---|---|---|
| 1 | 反应时间/℃ | 4 | 6 | 8 |
| 2 | 反应温度/h | 140 | 160 | 180 |
| 3 | TEOT/mL | 4 | 5 | 6 |
| 4 | 无水乙醇/mL | 10 | 15 | 20 |

表 2.4 为九组实验的相关组合 L9 $(3^4)$ 的正交表，以可见光下 $Cr^{6+}$ 的光催化还原效率作为衡量反应条件优劣的重要判据。由表 2.4 中可看出，反应时间、反应温度、TEOT、无水乙醇极差分别是 6.200、10.567、6.166、12.134，一般认为极差越大，则该因素对 $Cr^{6+}$ 的光催化还原率影响越大[42]。无水乙醇的极差是各因素中最大的，说明无水乙醇的含量对实验结

果影响最大。各因素的主次顺序依次为：无水乙醇＞反应温度＞反应时间＞TEOT。并且由图 2.16（a）可知，本实验无水乙醇的最佳值为 15mL。由图 2.16（b）可知，反应温度为 160℃时，光催化效果最差，但无法得出最佳值。由图 2.16（c）可知，反应时间为 6h、8h 最好，从节约能源的角度考虑，设定反应时间为 6h。由图 2.16（d）可知，TEOT 的最佳值为 5mL。综上所述本实验的最佳水平组合为：无水乙醇 15mL，反应时间 6h，TEOT 5mL。

表 2.4　$Cr^{6+}$ 单一体系的正交试验结果

| 因素 | 反应时间/℃ | 反应温度/h | TEOT/mL | 无水乙醇/mL | 实验结果 |
| --- | --- | --- | --- | --- | --- |
| 实验 1 | 1 | 1 | 1 | 1 | 22.5 |
| 实验 2 | 1 | 2 | 2 | 2 | 21.2 |
| 实验 3 | 1 | 3 | 3 | 3 | 5.3 |
| 实验 4 | 2 | 1 | 3 | 3 | 25.8 |
| 实验 5 | 2 | 2 | 1 | 1 | 15.9 |
| 实验 6 | 2 | 3 | 2 | 2 | 25.8 |
| 实验 7 | 3 | 1 | 2 | 2 | 31.8 |
| 实验 8 | 3 | 2 | 3 | 3 | 11.3 |
| 实验 9 | 3 | 3 | 1 | 1 | 24.5 |
| 均值 1 | 16.333 | 26.700 | 19.867 | 20.967 | |
| 均值 2 | 22.500 | 16.133 | 23.833 | 26.267 | |
| 均值 3 | 22.533 | 18.533 | 17.667 | 14.133 | |
| 极差 | 6.200 | 10.567 | 6.166 | 12.134 | |

由于反应温度最优值无法确认，为了探究纳米 $TiO_2$ 的最佳制备温度，所以在 160℃左右重新选取 3 个值制备样品，制备条件如下。

pH＝1，无水乙醇 15mL，反应时间 6h，TEOT 5mL，反应温度分别为 120℃、140℃、180℃（水热反应釜一般的最高反应温度为 180℃），依次命名为补-120、补-140、补-180。并对样品补-120、补-140、补-180 进行光催化实验。

图 2.17 是不同反应温度下 $Cr^{6+}$ 的光催化还原效率（可见光下，30min）。如图所示，反应温度为 180℃时，$Cr^{6+}$ 的光催化还原效率明显最

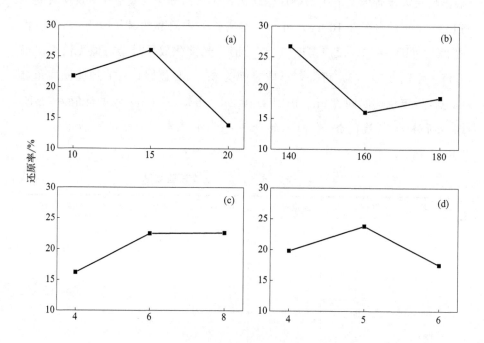

图 2.16 不同实验条件下的还原率

（a）还原率与无水乙醇量关系图；（b）还原率与反应温度关系图；

（c）还原率与反应时间关系图；（d）还原率与 TEOT 量关系图

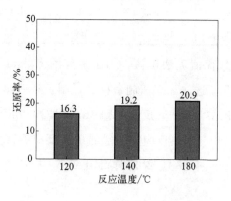

图 2.17 不同反应温度下 $Cr^{6+}$ 的光催化还原效率（可见光下，30min）

高。此外，随反应温度的升高，有利于晶体的生长，增大结晶度和提高晶体的稳定性，从而提高光催化效果。由此可见，制备最佳反应温度确定为 180℃。

综上所述，本实验的最佳水平组合为：无水乙醇 15mL，反应温度 180℃，反应时间 6h，TEOT 5mL。

以钛酸盐为前驱体，利用水热法成功制备了纳米 $TiO_2$ 可见光催化剂。

① 由 XRD 分析可知，pH＝1 时，样品主要为混晶结构，锐钛矿相所占比例为 82％。随着 pH 的增加，金红石相和板钛矿相逐渐减少，结晶度提高，pH＝9 时，样品主要为锐钛矿型纳米 $TiO_2$。煅烧之后，各相再结晶，pH＝1 的样品金红石相成为主相。而反应时间，在一定范围内对纳米 $TiO_2$ 影响并不是很大。可以看出，pH 值可以控制纳米 $TiO_2$ 的晶型。

② 由紫外-可见光漫反射光谱分析可知，pH＝1 的样品吸收边向可见光区域发生明显偏移，表现出较好的可见光活性。改变反应时间对样品吸收带的影响较小，反应时间为 4h 时，移动最明显，但仍未达到可见光区域。

③ 由比表面积和 SEM 分析可知，pH＝1 时，纳米 $TiO_2$ 粒径最小，有一定的团聚现象，且比表面积和孔容积较大，孔半径较小，有利于提高载流子的利用率，从而具有较高的光催化活性。

④ 由光催化反应和 PL 光谱图可知，pH＝1 的样品为混晶结构，混晶效应形成独特的掺杂能级，两种不同晶型的 $TiO_2$ 类似半导体-半导体的耦合，由于能带宽度不同，有效地抑制了电子-空穴的本相复合，延长载流子的寿命，从而提高了光催化效率。所以，在紫外光下反应 30min，$Cr^{6+}$ 的还原效率已经接近 100％。而在可见光下，也具有一定的光催化效率，还原率为 22％，远高于煅烧的样品。

⑤ 由正交实验可知，反应的最佳实验条件为：pH＝1，无水乙醇 15mL，反应温度 180℃，反应时间 6h，TEOT 5mL。

# 第 3 章

## STBBFS$_{300-5}$吸附性能的研究

## 3.1  概述

Cr$^{6+}$废水主要来源于电镀、铬盐、采矿、冶金、制革、化工颜料、印刷、金属表面处理等行业[162-164]。Cr$^{6+}$在水中主要有三种形态，即 HCrO$_4^-$，CrO$_4^{2-}$，Cr$_2$O$_7^{2-}$。在酸性及低浓度条件下，Cr$^{6+}$的主要形态是 HCrO$_4^-$；而在酸性及高浓度条件下，Cr$^{6+}$的主要形态是 Cr$_2$O$_7^{2-}$；当溶液为中性或碱性条件时，Cr$^{6+}$的主要形态是 CrO$_4^{2-}$。Cr$^{6+}$是铬系物中的最高价态，具有强氧化性，且极易溶于水，因而在环境中有很强的流动性。Cr$^{6+}$的毒性危害极大，是被认定的具有致癌、致畸形、致基因突变的"三致物"[165]。美国国家环境卫生科学研究所下属的"国家毒理学项目"发布实验报告显示，动物喝下含有 Cr$^{6+}$的水后，Cr$^{6+}$会被体内许多组织和器官的细胞吸收，导致实验鼠患癌症[166]。此外，有研究表明 Cr$^{6+}$可以被藻类摄入体内并经生物富集作用累积起来，长期摄入 Cr$^{6+}$会导致植物死亡。植物中累积的 Cr$^{6+}$通过食物链传导作用，构成对生态环境的长期威胁[167]。由于 Cr$^{6+}$的毒性很强，美国 EPA 将 Cr$^{6+}$列为必须优先控制的顶级有毒污染物之一，它在无机物系列中的排序仅次于铅，列第二位，一直是工业污水处理中的难点，也是当前国内外水污染控制领域急需解决的一大难题。美国 EPA 规定饮用水中 Cr$^{6+}$必须低于 0.1mg/L，企业排入纳污管网废水中 Cr$^{6+}$必须低于 0.5mg/L。中国将 Cr$^{6+}$列为需严格控制的第一类污染物，在 1996 年颁布实施的《污水综合排放标准》（GB 8978—1996）中规定 Cr$^{6+}$的排放浓度≤0.5mg/L[168]。Cr$^{6+}$是水质污染控制的一项重要指标，故被广泛用于评价光催化材料的光催化活性。

## 3.2  STBBFS$_{x-5}$ 的合成与表征

以攀钢的含钛高炉渣（TBBFS）为原料，将大块矿渣单独破碎，通过

49

2～3级破碎得到直径1mm左右的微粒；将获得的TBBFS微粒与硫酸铵按不同掺杂比例进行干混（2.5％，5％，7.5％）；将混合后的粉末倒入球磨罐内球磨；球磨96h后，将获得的粉末在氧化气氛和常压下煅烧，煅烧温度分别为300℃、400℃、500℃、600℃、700℃，保温2h后，随炉温自然冷却到室温。所得粉末即是STBBFS$_{x-y}$光催化剂，其中$x$代表煅烧温度，$y$代表掺杂比例。

## 3.2.1　STBBFS$_{x-5}$光催化剂的晶相结构与形貌

图3.1是不同煅烧温度下，STBBFS$_{x-5}$光催化剂的XRD图。由图可见，当煅烧温度＜500℃时，STBBFS$_{x-5}$光催化剂都是由钙钛矿、透辉石、镁黄长石-钙黄长石组成；当煅烧温度≥500℃时，STBBFS$_{x-5}$光催化剂中出现了新的晶相——锐钛矿。与硫酸掺杂的含钛高炉渣（SATBBFS）光催化剂不同的是，掺杂硫酸铵后，低温煅烧获得的STBBFS$_{x-5}$催化剂中没有出现锐钛矿相，这是因为：低温煅烧时，催化剂表面存在的较多的硫酸盐抑制了催化剂中晶相的转化；高温的时候，硫酸铵分解或脱附，导致催化剂表

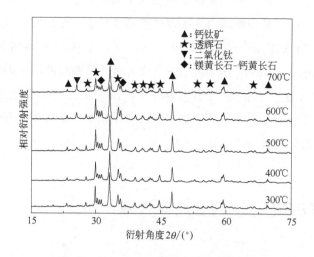

图3.1　STBBFS$_{x-5}$光催化剂的XRD图

面存在的硫酸铵含量降低，抑制作用降低，因而出现锐钛矿相。

图 3.2 是不同煅烧温度下，半定量分析方法获得的催化剂中各晶相含量以及 CaTiO$_3$/TiO$_2$ 晶相比。由图可见，与 SATBBFS 光催化剂一样，ST-BBFS 光催化剂中钙钛矿相含量也出现了反复，随着煅烧温度增加（300～400℃），钙钛矿含量降低；进一步增加煅烧温度，则又导致钙钛矿含量逐渐增加。同 SATBBFS$_{x-2.5}$ 催化剂一样，STBBFS$_{x-5}$ 光催化剂的钙钛矿相含量也低于 TBBFS 催化剂中钙钛矿相的含量；此外，随着煅烧温度增加，CaTiO$_3$/TiO$_2$ 晶相比变化的规律性较差，这是活化温度造成的。当煅烧温度高于活化温度时，催化剂中的晶相及表面物种会发生周期性循环，导致催化剂失活。因此，煅烧温度对 STBBFS$_{x-5}$ 催化剂的晶相组成、晶相含量以及 CaTiO$_3$/TiO$_2$ 晶相比都有影响。

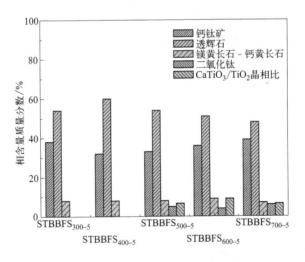

图 3.2　不同煅烧温度下的 STBBFS$_{x-5}$ 催化剂中各
晶相含量以及 CaTiO$_3$/TiO$_2$ 晶相比

图 3.3 是不同煅烧温度下，STBBFS$_{x-5}$ 催化剂的 SEM 图。由图可见，随着煅烧温度增加，粒径变大，团聚越明显，催化剂的表面越凹凸不平；片状颗粒居多且重叠，与前两类催化剂的表面形貌类似。图 3.4 是不同煅烧温

度下，STBBFS$_{x-5}$ 催化剂的粒度分布。由图可见，STBBFS$_{x-5}$ 催化剂粒径分布范围比较大，催化剂粉末平均粒径 $D_{50}$ 主要集中在 $0.16 \sim 0.17 \mu m$ 之间，与 SATBBFS$_{x-2.5}$ 系列催化剂的平均粒径范围一致。

图 3.3　不同煅烧温度下的 STBBFS$_{x-5}$ 催化剂的 SEM 照片

(a) 300℃；(b) 400℃；(c) 500℃；(d) 600℃；(e) 700℃

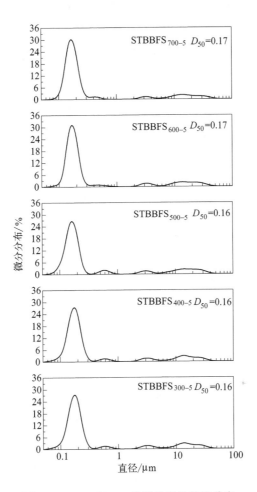

图 3.4　STBBFS$_{x-5}$ 光催化剂的粒度分布

## 3.2.2　STBBFS$_{x-5}$ 光催化剂的光吸收特性

图 3.5 是不同煅烧温度下，STBBFS$_{x-5}$ 光催化剂的 UV-Vis 漫反射光谱。由图可见，STBBFS$_{x-5}$ 催化剂的光吸收范围也是覆盖了紫外光和可见光区域（主要集中在紫外光区域），说明掺杂硫酸铵也没有改变 STBBFS$_{x-5}$ 光催化剂

53

的光吸收范围。此外，随着煅烧温度的增加，STBBFS$_{x-5}$ 催化剂在紫外区域的光吸收能力明显变大，高于 TBBFS$_x$ 和 SATBBFS$_{x-2.5}$ 两类催化剂；而在可见区域，随煅烧温度增加，STBBFS$_{x-5}$ 催化剂的光吸收能力增强。

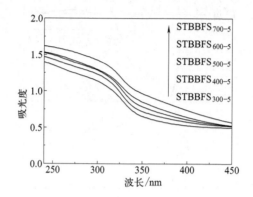

图 3.5　不同煅烧温度下的 STBBFS$_{x-5}$ 光催化剂
的紫外-可见光漫反射光谱

### 3.2.3　STBBFS$_{x-5}$ 光催化剂的 TG 分析

图 3.6 是 TBBFS 催化剂和 STBBFS$_{x-5}$ 催化剂的 TG 曲线。由图中可看出，添加硫酸铵后，STBBFS$_{x-5}$ 催化剂的失重量与 TBBFS 催化剂相比增加了 3％左右；在 250～500℃之间的额外失重，归因于掺杂的硫酸铵分解或脱附，且随着煅烧温度的增加，失重量增加，这说明掺杂的硫酸铵在煅烧过程中，与硫酸一样也会分解或脱附。掺杂硫酸铵后，STBBFS$_{x-5}$ 催化剂的额外失重区间对应的不是 100～150℃之间，而是 250～500℃之间；说明煅烧温度低于 500℃时，STBBFS$_{x-5}$ 催化剂表面仍有大量未分解的 SO$_4^{2-}$。此外，不同煅烧温度下，STBBFS$_{x-5}$ 催化剂表面未分解的 SO$_4^{2-}$ 含量分别为 3.87％（STBBFS$_{300-5}$）、3.21％（STBBFS$_{400-5}$）、3.16％（STBBFS$_{500-5}$）、3.12％（STBBFS$_{600-5}$）、3.07％（STBBFS$_{700-5}$）（扣除催

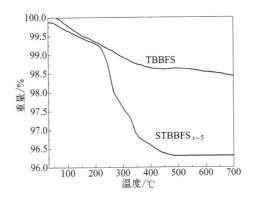

图 3.6　TBBFS 和 STBBFS$_{x-5}$ 催化剂的 TG 曲线

化剂中未脱附的水）。

## 3.3　热力学与动力学分析

### 3.3.1　pH 值对 STBBFS₃₀₀₋₅ 吸附 Cr⁶⁺ 的影响

图 3.7 是不同 pH 值对 STBBFS$_{300-5}$ 吸附 $Cr^{6+}$ 的影响。由图可见，在相同反应条件下，溶液 pH 值对 $Cr^{6+}$ 吸附过程影响很大；强酸性条件下效果最好；$Cr^{6+}$ 去除率由 pH＝8 时的 32.2％ 增到 pH＝1.5 时的 99.92％。pH 值变化对 $Cr^{6+}$ 去除率的影响与 STBBFS$_{300-5}$ 的带电特性有关[166]。图 3.8 是 pH 值对 STBBFS$_{300-5}$ 吸附剂 Zeta 电势的影响。由图可见，pH＜6.88 时，STBBFS$_{300-5}$ 的 Zeta 电势皆为正值；pH＞6.88 时，ST-BBFS$_{300-5}$ 的 Zeta 电势皆为负值。因而，STBBFS$_{300-5}$ 吸附剂的等电点为 6.88。当溶液 pH 值低于 6.88 时，STBBFS$_{300-5}$ 吸附剂表面质子化，表面变得"更正"，易于 $Cr^{6+}$（主要是 $HCrO_4^-$ 和 $Cr_2O_7^{2-}$）吸附至 ST-

55

BBFS$_{300-5}$ 表面；反之当溶液 pH＞6.88 时，STBBFS$_{300-5}$ 吸附剂表面变得"更负"，增加了 STBBFS$_{300-5}$ 表面与 Cr$^{6+}$ 之间的静电阻力，导致 Cr$^{6+}$ 去除率降低。因此，酸性条件下易于 Cr$^{6+}$ 吸附至 STBBFS$_{300-5}$ 表面。

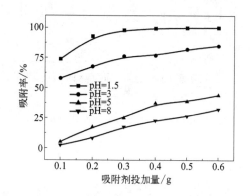

图 3.7　不同 pH 值下的 Cr$^{6+}$ 的平衡吸附效率

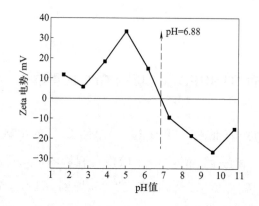

图 3.8　pH 值对 STBBFS$_{300-5}$ Zeta 电势的影响

　　图 3.9 是初始 pH 值、最终 pH 值与 Cr$^{6+}$ 去除率之间的关系图。由图可见，无论初始条件是酸性还是碱性（除了强酸性条件下），最终 pH 值都接近于中性区域。当最终 pH 值接近于中性，溶液中 OH$^-$ 浓度增加，导致 Cr(OH)$_3$ 含量增加，Cr(OH)$_3$ 会占据吸附剂表面 Cr$^{6+}$ 的活性吸附位置，

进而导致 Cr$^{6+}$ 的去除率降低。

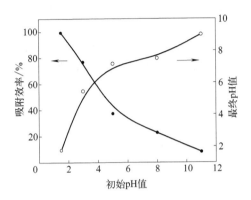

图 3.9　初始 pH、最终 pH 与 Cr$^{6+}$ 去除率之间的关系

## 3.3.2　Cr$^{6+}$ 初始浓度对 STBBFS$_{300-5}$ 吸附 Cr$^{6+}$ 的影响

图 3.10 是不同 Cr$^{6+}$ 初始浓度对 STBBFS$_{300-5}$ 吸附 Cr$^{6+}$ 的影响。由图可见，在相同的反应条件下（pH=1.5；STBBFS$_{300-5}$ 投加量=0.4g；转速=200r/min；$t$=180min），随着 Cr$^{6+}$ 初始浓度由 30mg/L 增加到 70mg/L，

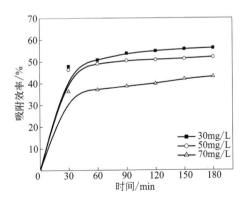

图 3.10　不同 Cr$^{6+}$ 初始浓度对 STBBFS$_{300-5}$ 吸附 Cr$^{6+}$ 的影响

$Cr^{6+}$ 去除率由 $56.2\%$ 降到 $43\%$。这是因为：在 $STBBFS_{300-5}$ 浓度不变的情况下，污染物可获得的有效活性吸附位是有限的；增加 $Cr^{6+}$ 浓度导致可获得的有效活性吸附位数量减少，因而导致 $Cr^{6+}$ 去除率降低。

### 3.3.3　吸附剂投加量对 $STBBFS_{300-5}$ 吸附 $Cr^{6+}$ 的影响

图 3.11 是吸附剂投加量对 $STBBFS_{300-5}$ 吸附 $Cr^{6+}$ 的影响。由图可见，在相同的反应条件下（pH＝1.5；$Cr^{6+}$ 初始浓度＝20mg/L；转速＝200r/min；$t$＝12h），随着吸附剂投加量的增加（0.1~0.6g），$Cr^{6+}$ 的去除率由 $73.8\%$ 增加到 $99.92\%$。这是因为：增加 $STBBFS_{300-5}$ 吸附剂的投加量，污染物可获得的有效活性吸附位置增加；因而导致 $Cr^{6+}$ 去除率增加。由图中还可看出，当 $STBBFS_{300-5}$ 吸附剂投加量超过 0.4g 后，$Cr^{6+}$ 去除率增加变得缓慢，因而，$STBBFS_{300-5}$ 吸附剂的最佳投加量为 0.4g。

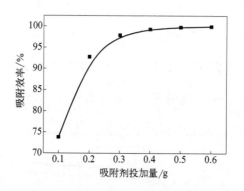

图 3.11　吸附剂投加量对 $STBBFS_{300-5}$ 吸附 $Cr^{6+}$ 的影响

### 3.3.4　吸附温度对 $STBBFS_{300-5}$ 吸附 $Cr^{6+}$ 的影响

图 3.12 是吸附温度对 $STBBFS_{300-5}$ 吸附 $Cr^{6+}$ 的影响。由图可见，在

相同反应条件下（pH＝1.5；$Cr^{6+}$ 初始浓度＝20mg/L；STBBFS₃₀₀₋₅ 投加量＝0.4g；转速＝200r/min；$t$＝180min），随着吸附温度增加（298～333K），$Cr^{6+}$ 去除率由 56.2% 增加到 97.37%，说明升高温度利于 $Cr^{6+}$ 的吸附。

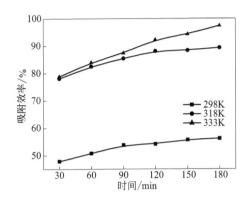

图 3.12　吸附温度对 STBBFS₃₀₀₋₅ 吸附 $Cr^{6+}$ 的影响

## 3.3.5　吸附等温线

吸附等温线可以用来预测一个吸附系统是否易于吸附污染物。Langmuir 和 Freundlich 是两个常用的吸附模型[169,170]。

### 3.3.5.1　Langmuir 吸附等温线

$$C_e/q_e = 1/Q_0 K + C_e/Q_0 \tag{3.1}$$

式中，$q_e$ 为吸附平衡质量浓度为 $C_e$（mg/L）时的吸附量，mg/g；$Q_0$ 为每克吸附剂表面盖满吸附质单分子层时的吸附量，即饱和吸附容量；$C_e$ 为平衡质量浓度；$K$ 为结合常数。处理结果列于表 3.1。图 3.13 是不同 pH 值下，线性化的 Langmuir 吸附等温线。

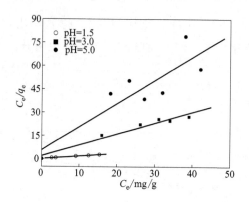

图 3.13　不同 pH 值下的线性化的 Langmuir 吸附等温线

### 3.3.5.2　Freundlich 吸附等温线

$$\ln q_e = \ln k_2 + (1/n)\ln C_e \tag{3.2}$$

式中，$q_e$ 为吸附平衡质量浓度为 $C_e$（mg/g）时的吸附量，mg/g；$C_e$ 为平衡质量浓度；$k_2$ 为吸附容量；$n$ 为吸附强度。处理结果列于表 3.1。

表 3.1　不同 pH 值下的 Langmuir 和 Freundlich 吸附等温线常数

| pH 值 | Langmuir 常数 | | | Freundlich 常数 | | |
|---|---|---|---|---|---|---|
| | $Q_0$/(mg/g) | $K$ /(L/mg) | $R^2$ | $k_2$/(mg/g) | $n$ | $R^2$ |
| 1.5 | 8.25 | 0.7012 | 0.9983 | 3.40 | 4.69 | 0.9750 |
| 3.0 | 1.42 | 0.3623 | 0.9798 | 0.22 | 2.05 | 0.7097 |
| 5.0 | 0.67 | 0.2602 | 0.8797 | 0.12 | 2.11 | 0.5803 |

从表 3.1 的 $R^2$ 值可以看出，STBBFS$_{300-5}$ 吸附 Cr$^{6+}$ 用 Langmuir 等温式来描述比用 Freundlich 等温式来描述更合适，这说明 Cr$^{6+}$ 在 ST-BBFS$_{300-5}$ 的吸附是单分子层吸附。根据 Langmuir 等温式，STBBFS$_{300-5}$ 吸附剂的饱和吸附容量（$Q_0$）随着 pH 值的增大（1.5～5.0）而降低，由 8.25mg/g 降到 0.67mg/g，说明强酸性条件更利于 Cr$^{6+}$ 吸附。当吸附符合

Langmuir 等温式时，常用无量纲的分离因子 $K_R$ 来判断污染物是否易于吸附。

$$K_R = 1/(1+KC_0) \tag{3.3}$$

当 $K_R > 1$ 时，污染物不易于吸附；当 $0 < K_R < 1$ 时，污染物易于吸附。表 3.2 是不同 pH 值和不同初始浓度下的 $K_R$。从表中可看出，所有 $K_R$ 值都在 0～1 之间，说明酸性条件下，STBBFS$_{300-5}$ 易于吸附 Cr$^{6+}$。

表 3.2　不同 pH 值和不同初始浓度下的 $K_R$

| 项目 | $K_R$ | | |
|---|---|---|---|
| $C_0/(mg/L)$ | pH=1.5 | pH=3.0 | pH=5.0 |
| 20 | 0.0666 | 0.1213 | 0.1612 |
| 25 | 0.0540 | 0.0994 | 0.1332 |
| 30 | 0.0454 | 0.0843 | 0.1136 |
| 35 | 0.0392 | 0.0731 | 0.0989 |
| 40 | 0.0344 | 0.0645 | 0.0877 |
| 45 | 0.0307 | 0.0578 | 0.0787 |

## 3.3.6　表观吸附动力学模型

### 3.3.6.1　一级表观吸附动力学模型[171]

$$dq_t/dt = k_3(q_e - q_t) \tag{3.4}$$

式中，$q_t$ 为 $t$ 时刻的吸附容量，mg/g；$q_e$ 为吸附平衡质量浓度为 $C_e$（mg/g）时的吸附量，mg/g；$k_3$ 为一级表观速率常数，min$^{-1}$。对式（3.4）积分、整理得

$$\ln(q_e - q_t) = \ln(q_e) - k_3 t \tag{3.5}$$

图 3.14（a）和图 3.14（b），分别是不同初始浓度和不同吸附温度下，式（3.5）线性回归后的图形。$q_e$（model）（由一级表观动力学模型计算得

到）和$k_3$由线性回归后一级表观反应速率方程的斜率和截距中计算得到，列于表3.3中。

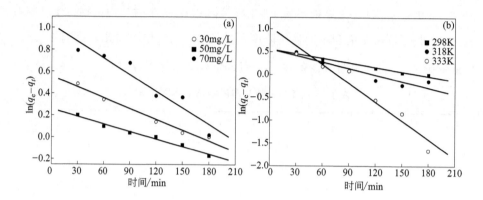

图3.14 不同初始浓度（a）和不同吸附温度（b）下，一级速率方程的线性化图形

**表3.3 吸附速率方程的动力学参数**

| 初始浓度/(mg/L) | $q_e$（expt） | 一级速率方程 | | | 二级速率方程 | | | |
|---|---|---|---|---|---|---|---|---|
| | | $k_3$ | $q_e$（model） | $R^2$ | $k_4$ | $r'$ | $q_e$（model） | $R^2$ |
| 30 | 5.2175 | 0.0033 | 1.7437 | 0.9895 | 0.0287 | 0.5518 | 4.3850 | 0.9998 |
| 50 | 7.3475 | 0.0023 | 1.2925 | 0.9897 | 0.0489 | 2.1124 | 6.5694 | 0.9999 |
| 70 | 8.5625 | 0.0050 | 2.8750 | 0.9545 | 0.0039 | 0.2923 | 8.6192 | 0.9977 |
| 温度/℃ | | | | | | | | |
| 25 | 5.2175 | 0.0033 | 1.7437 | 0.9895 | 0.0287 | 0.5518 | 4.3850 | 0.9998 |
| 45 | 6.8650 | 0.0047 | 1.7475 | 0.9372 | 0.0274 | 1.2960 | 6.8752 | 0.9998 |
| 60 | 7.4925 | 0.0136 | 2.8286 | 0.9688 | 0.0117 | 0.6844 | 7.6576 | 0.9994 |

### 3.3.6.2 二级表观吸附动力学模型[171]

$$dq_t / dt = k_4 (q_e - q_t)^2 \qquad (3.6)$$

式中，$q_t$为$t$时刻的吸附容量，mg/g；$q_e$为吸附平衡质量浓度为$C_e$（mg/g）时的吸附量，mg/g；$k_4$为二级表观速率常数，g/(mg·min)。对式（3.6）积分、整理得

$$t/q_t = 1/k_4 q_e^2 + t/q_e \tag{3.7}$$

用 $r' = k_4 q_e^2$ 代替初始速率，则式（3.7）转换为

$$t/q_t = 1/r' + t/q_e \tag{3.8}$$

图 3.15（a）和图 3.15（b），分别是不同初始浓度和不同吸附温度下，式（3.8）线性回归后的图形。$r'$、$q_e$（model）（由二级表观动力学模型计算得到）和 $k_4$ 由线性回归后二级表观反应速率方程的斜率和截距中计算得到，列于表 3.3 中。

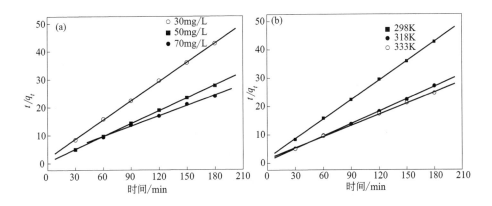

图 3.15　不同初始浓度（a）和不同吸附温度（b）下，二级速率方程的线性化图形

从表 3.3 中的 $R^2$ 值可以看出，STBBFS$_{300-5}$吸附 Cr$^{6+}$用二级表观动力学模型来描述比用一级表观动力学模型来描述更为合适。此外，二级表观动力学方程计算出来的 $q_e$（model）更接近于实验获得的数据 $q_e$（expt）。这两方面都证明：不同吸附温度和初始浓度下，Cr$^{6+}$在 STBBFS$_{300-5}$吸附剂表面的吸附过程都遵循二级表观吸附动力学模型，且 Cr$^{6+}$在 STBBFS$_{300-5}$上的吸附过程主要是化学吸附，而不是物理吸附。

## 3.3.7　吸附热力学模型

吸附过程中的热力学参数通常由下式计算得出[172,173]：

$$K_D = C_a / C_r \tag{3.9}$$

$$\Delta G^0 = -RT \ln K_D \tag{3.10}$$

$$\Delta G^0 = \Delta H^0 - T \Delta S^0 \tag{3.11}$$

式中，$K_D$ 为吸附分配系数；$C_a$ 为吸附平衡时吸附剂吸附 $Cr^{6+}$ 的量，mg；$C_r$ 是吸附平衡时未被吸附 $Cr^{6+}$ 的量，mg；$\Delta H^0$，$\Delta G^0$，$\Delta S^0$ 相应为焓变、吉布斯自由能变化和熵变；$R$ 为气体普适常数；$T$ 为热力学温度。由 $\Delta G^0$ 对 $T$ 作图，可得热力学参数，见表 3.4。

表 3.4 STBBFS$_{300-5}$ 吸附 $Cr^{6+}$ 的热力学参数

| 温度/K | $K_D$ | $\Delta G^0$/(kJ/mol) | $\Delta H^0$/(kJ/mol) | $\Delta S^0$/[kJ/(mol·K)] |
|---|---|---|---|---|
| 298 | 2.29 | −2.0528 | | |
| 318 | 10.80 | −6.2912 | 87.8021 | 0.2998 |
| 333 | 99.00 | −12.7200 | | |

表 3.4 中是不同吸附温度下的热力学参数。吸附热力学参数主要用来描述吸附反应的可能性大小。研究表明：吸附分配系数 $K_D$ 随着吸附温度升高而增大，说明吸附过程是吸热的；在实验温度范围内（298～333K），$\Delta G^0$ 值为负，表明 $Cr^{6+}$ 在催化剂表面的吸附为热力学自发过程；此外，吸附过程的 $\Delta H^0$ 和 $\Delta S^0$ 值均大于零。$\Delta H^0 > 0$，说明吸附过程是吸热的；$\Delta S^0 > 0$，说明吸附过程中固液分界面的无序度增加以及吸附剂的表面结构发生了某些变化，即吸附过程中发生了化学反应。

### 3.3.8 吸附机理探讨

图 3.16 是 STBBFS$_{300-5}$ 吸附反应前后的红外谱图对比。由图可见，吸附反应后的 STBBFS$_{300-5}$ 催化剂的红外峰中并没有出现 $Cr^{6+}$ 特征峰，说明 $Cr^{6+}$ 浓度的降低不是物理吸附导致的，而可能是化学吸附导致的。这是因为，吸附过程中发生了化学反应。一方面，（$Cr_2O_7^{2-}$/$Cr^{3+}$）的标准电极电势 $E^{\ominus}$ 为 +1.33V，说明重铬酸盐阴离子具有强氧化性，且存在电子供体（还原剂）时非常不稳定，能被还原；另一方面，STBBFS$_{300-5}$ 中含有一定

量的还原性物质，如 Fe 和 Mn 等。这些还原性物质很有可能与 $Cr^{6+}$ 发生氧化还原反应，将 $Cr^{6+}$ 还原为 $Cr^{3+}$。通过对比 STBBFS$_{300-5}$ 中所有元素吸附反应前后的 XPS 能谱发现，只有 Mn 离子和 Fe 离子的结合能在反应后发生了改变，说明吸附剂中的 Mn 离子和 Fe 离子影响了 STBBFS$_{300-5}$ 的吸附活性。图 3.17 是 Mn 2p3 吸附反应前（a）和吸附反应后（b）的 X 射线光电子能谱。如图所示，结合能为 641.9eV、640.7eV 对应于 $Mn^{2+}$；641.7eV、645.8eV 对应于 $Mn^{3+}$；642.5eV 对应于 $Mn^{4+}$[174,175]。图 3.18 是 Fe 2p3 吸附反应前（a）和吸附反应后（b）的 X 射线光电子能谱。如图所示，结合能为 710.80eV、710.4eV、711.5eV 对应于 $Fe^{3+}$；708.2eV、709.1eV、710eV 对应于 $Fe^{2+}$[174,176,177]。以上说明：有一部分的 $Cr^{6+}$ 浓度降低是由 $Mn^{2+}$ 和 $Fe^{2+}$ 还原导致的。图 3.19 是吸附反应后，吸附剂表面 Cr 2p3/2 的 X 射线光电子能谱。如图所示，结合能为 577eV 和 578.2eV 对应于 $Cr^{3+}$[177,178]，进一步说明 $Cr^{6+}$ 去除过程是一个还原反应过程。在酸性条件下，当 $Cr^{6+}$ 与还原性物质接触（例如 $Mn^{2+}$ 和 $Fe^{2+}$），$Cr^{6+}$ 很容易自发地被还原为 $Cr^{3+}$。然而，结合能为 579.9eV 对应于 $Cr^{6+}$[175]，说明 $Cr^{6+}$ 去除过程也包括一个物理吸附过程。因此，$Cr^{6+}$ 在 STBBFS$_{300-5}$ 上的吸附主要包括两种方式：$Cr^{6+}$ 物种先是吸附至 STBBFS$_{300-5}$ 吸附剂表面；然后被还原为 $Cr^{3+}$。

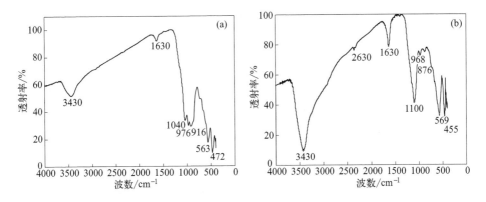

图 3.16　STBBFS$_{300-5}$ 吸附剂吸附反应前后的红外谱图对比

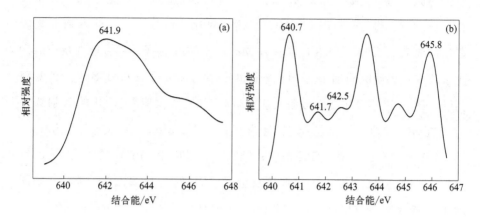

图 3.17　Mn 2p3 吸附反应前 （a） 和吸附反应后 （b） 的 X 射线光电子能谱

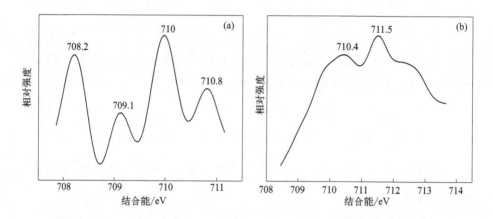

图 3.18　Fe 2p3 吸附反应前 （a） 和吸附反应后 （b） 的 X 射线光电子能谱

以 STBBFS$_{300-5}$ 作为吸附剂，以 Cr$^{6+}$ 溶液的去除率为评价指标，研究了不同初始溶液浓度、STBBFS$_{300-5}$ 加入量、吸附温度、溶液 pH 值等对 STBBFS$_{300-5}$ 吸附 Cr$^{6+}$ 的影响；并探讨了吸附等温线模型、表观吸附动力学模型、吸附热力学参数以及吸附机理。通过对以上因素的分析来进一步地理解 STBBFS$_{300-5}$ 光催化还原 Cr$^{6+}$ 的过程。

① 溶液 pH 值对 Cr$^{6+}$ 吸附过程影响很大；强酸性条件下效果最好；pH＝1.5 时 Cr$^{6+}$ 去除率最大。

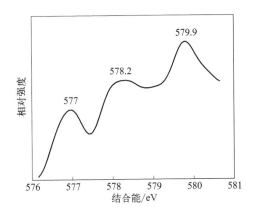

图 3.19　吸附反应后，STBBFS$_{300-5}$ 吸附剂表面 Cr 2p3/2 的 X 射线光电子能谱

② 增加 STBBFS$_{300-5}$ 投加量、增大吸附温度、降低 Cr$^{6+}$ 初始浓度，都有益于 Cr$^{6+}$ 的去除。

③ Cr$^{6+}$ 在 STBBFS$_{300-5}$ 吸附剂表面上的吸附遵循 Langmuir 吸附等温线模型，最大吸附容量在 pH＝1.5 时最大，为 8.25mg/g。

④ 不同吸附温度和初始浓度下，Cr$^{6+}$ 的吸附过程都遵循二级表观吸附动力学模型。

⑤ 通过计算 Cr$^{6+}$ 吸附过程中的热力学参数：焓变化 $\Delta H^0$、自由能变化 $\Delta G^0$、熵变化 $\Delta S^0$，得出 Cr$^{6+}$ 吸附至 STBBFS$_{300-5}$ 表面具有自发性，且升高温度利于 Cr$^{6+}$ 的吸附；吸附过程中发生了化学反应。

⑥ 根据 XPS 和 FTIR 分析结果，可以认为 Cr$^{6+}$ 先吸附至 STBBFS$_{300-5}$ 表面，再被还原为 Cr$^{3+}$。

# 第 4 章

## 光催化还原Cr$^{6+}$单一体系的研究

## 4.1　概述

Cr$^{6+}$ 废水常用的处理方法主要有：光催化还原法、化学还原法、化学沉淀法、离子交换法、萃取法和吸附法等[179-182]。离子交换法和吸附法需要对吸附剂或离子交换剂进行频繁再生，操作复杂且处理成本较高；化学还原法、化学沉淀法和萃取法需消耗大量的化学药剂，不仅处理成本较高，且易造成二次污染；而光催化还原法由于光催化剂在紫外-可见光的照射下，具有较高的反应速率，在较短的反应时间内能达到理想的处理效果，而成为最有应用前景的方法。虽然吸附法的处理效果不理想，效率低，很难达到排放标准，但是普遍认为，吸附步骤是光催化反应发生的先决条件，反应物分子在光催化剂表面上的吸附，决定着反应物分子被活化的程度以及催化过程的性质。因此研究反应物分子或探针分子在光催化剂表面上的吸附，对于阐明反应物分子与光催化剂表面相互作用的性质、光催化作用的原理以及光催化反应的机理具有十分重要的意义。

## 4.2　光源对 STBBFS$_{300-5}$ 光催化还原 Cr$^{6+}$ 的影响

无催化剂，Cr$^{6+}$ 初始浓度为 20mg/L，pH＝1.5（硫酸调节），紫外-可见光辐照 2h 时，Cr$^{6+}$ 浓度降低 1.5% 左右，说明紫外-可见光对 Cr$^{6+}$ 的还原无明显影响；添加 0.5g 催化剂，pH＝1.5（硫酸调节），避光循环搅拌 12h，Cr$^{6+}$ 浓度降低 34.53%（其中有一部分是 Mn$^{2+}$ 和 Fe$^{2+}$ 还原 Cr$^{6+}$ 导致的），说明暗态吸附对 Cr$^{6+}$ 的光催化还原有一定影响。因此，进行光催化反应前，应在黑暗中搅拌反应液直到达到吸附/脱附平衡为止，以达到吸附平衡时的浓度为光催化反应的初始浓度。

图 4.1 是不同波长紫外光源对 Cr$^{6+}$ 光催化还原效率的影响。由图可见，

在相同反应条件下［紫外光源功率＝11W；pH＝1.5（硫酸调节）；ST-BBFS$_{300-5}$ 投加量＝0.5g；$Cr^{6+}$ 初始浓度＝20mg/L；循环流量＝25mL/min；$t$＝120min］，波长越短的光源，$Cr^{6+}$ 的光催化还原效率就越高。一方面波长越短的光源，其光子的能量就越大，光激发所产生的电子-空穴对就越多，因此催化剂的光催化活性就越高；另一方面，由图 3.5 所示，ST-BBFS$_{300-5}$ 催化剂在 UVC（200～280nm）段的光吸收能力远大于 UVA（320～400nm）段的光吸收能力，因此，波长为 254nm 时，$Cr^{6+}$ 的光催化还原效率较高。在实际大气中，UVC 段紫外线全部被大气阻滞，对人体不造成伤害；而 UVA 是生活紫外线，可透过窗户玻璃和云层对人体造成伤害[183]。因为到达地面的紫外线波长主要为 290～400nm，所以，研究主波长在 365nm 的紫外-可见光源对 $Cr^{6+}$ 光催化还原过程的影响，则更有实际意义。

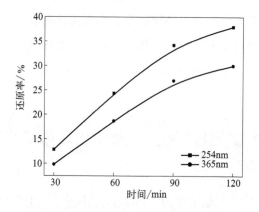

图 4.1　不同波长紫外光源对 $Cr^{6+}$ 光催化还原率的影响

## 4.3　光强对 STBBFS$_{300-5}$ 光催化还原 $Cr^{6+}$ 的影响

分别选取 300W 和 500W 的中压汞灯作为光源［汞灯的光谱范围主要集

中在近紫外光和可见光区域（365～600nm），见表 2.1]，其光强度与 Cr$^{6+}$ 还原效率的关系见表 4.1。从表中可看出，在相同的反应条件下 [pH＝1.5（硫酸调节）；STBBFS$_{300-5}$ 投加量＝0.5g；Cr$^{6+}$ 初始浓度＝20mg/L；循环流量＝25mL/min；$t$＝60min]，光强越强，Cr$^{6+}$ 的光催化还原效率就越高。大量的研究结果表明，由于光源的能量分布及光强度对反应速率的明显影响，光催化反应的活化能来源于光子的能量，并且光强越大，产生的光子数目增多，这样光催化剂受光激发产生的电子和空穴浓度也就越大，反应物降解速率也越高。Nicola 等[184] 发现，辐射光强小于 $6\times10^3\mu W/cm^2$ 时，速率与光强呈线性关系；光强大于 $6\times10^3\mu W/cm^2$ 时，速率与光强的平方根呈线性关系；光强度更高时，降解速率则与光强无关。因此，光强也存在一个最佳值，选取 500W 的中压汞灯作为光源进行实验。

表 4.1 中压汞灯光强度与 Cr$^{6+}$ 还原效率的关系

| 中压汞灯 | 紫外光强度/($\mu W/cm^2$) | 可见光强度/lx | Cr$^{6+}$ 还原效率/% |
|---|---|---|---|
| 300W | 324 | $24.03\times10^3$ | 28.49 |
| 500W | 2140 | $139.33\times10^3$ | 47.37 |

## 4.4 pH 值对 STBBFS$_{300-5}$ 光催化还原 Cr$^{6+}$ 的影响

溶液 pH 值是影响光催化还原的一个重要因素，它不仅影响着催化剂本身的活性与稳定性，而且还影响着金属离子在反应体系中的存在方式以及在催化剂表面的吸附和随后的电子捕获。因此，溶液 pH 值是半导体金属氧化物光催化还原重金属的一个重要的控制参数。Cr$^{6+}$ 在水溶液中的存在形式由溶液 pH 值决定。在酸性条件下，Cr$^{6+}$ 主要以 $HCrO_4^-$ 和 $Cr_2O_7^{2-}$ 形式存在；在中性和碱性条件下主要以 $CrO_4^{2-}$ 形式存在。

图 4.2 显示的是不同初始 pH 值下（硫酸调节）的 Cr$^{6+}$ 光催化还原效率和平衡吸附效率。由图可见，在相同反应条件下（硫酸调节 pH 值；ST-

BBFS$_{300-5}$ 投加量 $=0.5$g；Cr$^{6+}$ 初始浓度 $=20$mg/L；循环流量 $=25$mL/min；$t=480$min），随着溶液初始 pH 值增大，Cr$^{6+}$ 的还原率明显降低。在相同反应条件下，Cr$^{6+}$ 在强酸性条件初始 pH$=1.5$ 时，光催化还原效率最高，光催化反应 4h 后，Cr$^{6+}$ 完全还原。一方面这可由 Cr$^{6+}$ 在不同 pH 值下存在的形式解释。Cr$^{6+}$ 在酸性条件下，是以 HCrO$_4^-$ 和 Cr$_2$O$_7^{2-}$ 形式存在，增加溶液的初始 pH 值，促进 HCrO$_4^-$ 和 Cr$_2$O$_7^{2-}$ 向 CrO$_4^{2-}$ 转换。但是 ST-BBFS$_{300-5}$ 表面对不同基团的吸附力是不同的，对 HCrO$_4^-$ 和 Cr$_2$O$_7^{2-}$ 的吸附力远比 CrO$_4^{2-}$ 强，因此随着溶液初始 pH 值增大，Cr$^{6+}$ 的平衡吸附效率降低，同时由于 Cr$^{6+}$ 与 OH$^-$ 竞争催化剂表面的活性吸附位置，也导致光催化还原效率降低。另一方面，STBBFS$_{300-5}$ 在水中的等电点（6.88，见图 3.8）影响着催化剂表面电荷分布。当溶液初始 pH 值降低，STBBFS$_{300-5}$ 表面质子化，光催化剂表面变得"更正"，易于光生电子向光催化剂表面转移，从而促进了 Cr$^{6+}$ 光催化还原效率提高；反之当溶液初始 pH 值增大，STBBFS$_{300-5}$ 表面变得"更负"，抑制了光生电子向 STBBFS$_{300-5}$ 表面的转移，同时增加了催化剂表面与 Cr$^{6+}$ 之间的静电阻力，导致 Cr$^{6+}$ 的还原率降低。从图中还可看出，当溶液初始 pH 值为 3.5 时，Cr$^{6+}$ 的还原率降到 12% 左右，且随着反应的进行，溶液的最终 pH 值由初始的 3.5 增大到 6.7

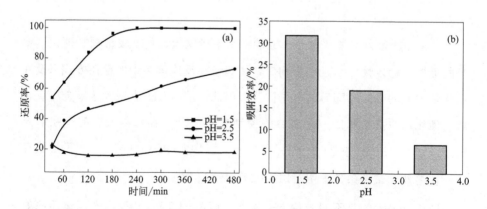

图 4.2　不同初始 pH 值下（硫酸调节）的 Cr$^{6+}$ 的
光催化还原效率（a）和平衡吸附效率（b）

左右（见图 4.3），Cr$^{6+}$ 的还原率发生了反复，在 9.82%～17.54% 之间循环。这可能是由于生成了某种新的中间产物；或是由于反应初始时消耗了过多的 H$^+$，使得反应液的 pH 值过快增大，OH$^-$ 增多，与 Cr$^{6+}$ 竞争活性吸附位置，促使原来吸附在催化剂表面的 Cr$^{6+}$ 发生脱附，使反应液的浓度增大，导致 Cr$^{6+}$ 的还原率降低。

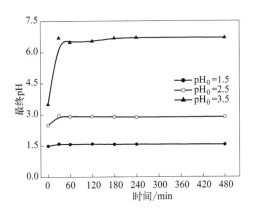

图 4.3　最终 pH 值与初始 pH 值的关系

图 4.4 显示的是不同初始 pH 值下（硫酸调节），STBBFS$_{300-5}$ 的红外谱图。图中 555～580cm$^{-1}$ 处的峰对应于钙钛矿；453～472cm$^{-1}$，968～976cm$^{-1}$，1010～1090cm$^{-1}$ 处的峰对应于透辉石；876cm$^{-1}$，883cm$^{-1}$，916cm$^{-1}$ 处的峰对应于镁黄长石-钙黄长石；1180cm$^{-1}$ 处的峰对应于硫酸根；2360cm$^{-1}$ 处的峰对应于空气中的 CO$_2$；1540cm$^{-1}$ 处的峰对应于碳酸钙镁矿。由图可见，与未反应时 STBBFS$_{300-5}$ 的红外谱图相比较，初始 pH=3.5 时的红外谱图并没有出现新的特征峰，说明 Cr$^{6+}$ 的还原率在 pH=3.5 时发生了反复，并不是由生成了新的中间产物造成的，而是由于反应初始阶段消耗了过多的 H$^+$，使得反应液的 pH 过快增大（见图 4.3），OH$^-$ 增多，与 Cr$^{6+}$ 竞争活性吸附位置，促使原来吸附在催化剂表面的 Cr$^{6+}$ 发生脱附，使反应液的浓度增大，导致 Cr$^{6+}$ 还原率降低。

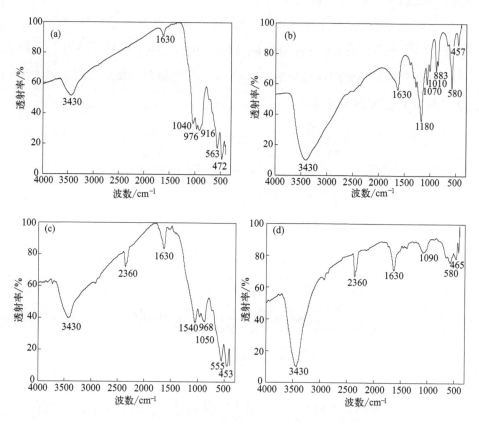

图 4.4　不同初始 pH 值下（硫酸调节）的 STBBFS$_{300-5}$ 的红外谱图

（a）初始值；（b）pH＝1.5；（c）pH＝2.5；（d）pH＝3.5

# 4.5　酸介质对 STBBFS$_{300-5}$ 光催化还原 Cr$^{6+}$ 的影响

图 4.5（a）是初始 pH＝1.5 时，酸介质对 Cr$^{6+}$ 光催化还原率的影响。由图可见，在相同的反应条件下（pH＝1.5；STBBFS$_{300-5}$ 投加量＝0.5g；Cr$^{6+}$ 初始浓度＝20mg/L；循环流量＝25mL/min；$t$＝480min），四种酸根离子对 STBBFS$_{300-5}$ 光催化还原 Cr$^{6+}$ 的促进作用按 PO$_4^{3-}$＜NO$_3^-$＜Cl$^-$＜

$SO_4^{2-}$ 逐渐增强；在光催化反应 8h 后，$Cr^{6+}$ 的还原率差别显著，分别为 9.32%，48.73%，100%，100%（其中，对于 $SO_4^{2-}$ 调节的溶液，光催化反应 3.5h 左右，$Cr^{6+}$ 还原率即达到 100%）。这是因为不同酸根离子与 $Cr^{6+}$ 对活性吸附位置的竞争吸附能力有差异。这可由图 4.5（b）所证实，如图所示，存在不同酸介质时，$Cr^{6+}$ 的平衡吸附效率存在显著差异，不同酸介质对 $Cr^{6+}$ 的平衡吸附效率的抑制次序为 $PO_4^{3-}$＞$NO_3^-$＞$Cl^-$＞$SO_4^{2-}$，由此可以看出，不同酸根离子在催化剂表面的竞争吸附能力按 $PO_4^{3-}$＞$NO_3^-$＞$Cl^-$＞$SO_4^{2-}$ 依次增强。

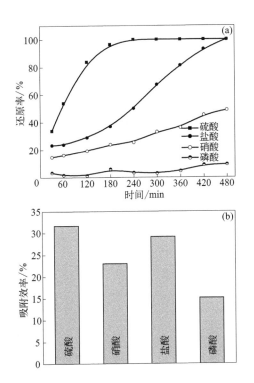

图 4.5　不同酸介质对 $Cr^{6+}$ 光催化还原率（a）和平衡吸附效率（b）的影响

加入 $H_3PO_4$ 后，$Cr^{6+}$ 的还原率明显降低，还原率在 1.27%～9.32% 之间循环。这可能是由以下原因造成的：在相同反应条件下，$PO_4^{3-}$ 与 $Cr^{6+}$ 在 $STBBFS_{300-5}$ 表面存在竞争吸附，且 $PO_4^{3-}$ 的吸附能力相对 $Cr^{6+}$ 的吸附能力要强得多，所以与存在其他三种酸根离子时相比，$Cr^{6+}$ 的还原率明显降低。这可由图 4.6 所证实。图 4.6 是初始 pH＝1.5 时，存在不同酸介质，光催化反应后的红外谱图〔存在硫酸时，光催化反应后的红外谱图见

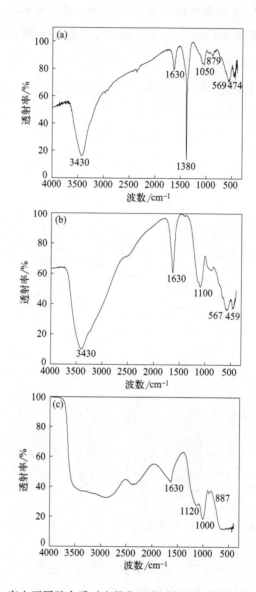

图 4.6 存在不同酸介质时光催化反应后的红外谱图 （pH＝1.5）

（a）$HNO_3$；（b）$HCl$；（c）$H_3PO_4$

图 4.4（b）]。由图可见，在相同反应条件下，除了 $H_3PO_4$ 外，其余酸介质的红外谱图相差不大。存在 $H_3PO_4$ 时，光催化反应后，STBBFS$_{300-5}$ 表面的红外谱图中钙钛矿所对应的特征峰消失。这是因为：当 $PO_4^{3-}$ 吸附至催化剂表面后，会覆盖催化剂表面有效的活性吸附位，导致催化剂"失活"，因而导致 Cr⁶⁺ 的还原率明显降低。这也说明了 Cr⁶⁺ 吸附至催化剂表面是整个反应过程的关键。

## 4.6　催化剂投加量对 STBBFS$_{300-5}$ 光催化还原 Cr⁶⁺ 的影响

图 4.7 是催化剂投加量对 Cr⁶⁺ 光催化还原率的影响。由图可见，在相同反应条件下 [pH＝1.5（硫酸调节）；Cr⁶⁺ 初始浓度＝20mg/L；循环流量＝25mL/min；$t$＝120min]，STBBFS$_{300-5}$ 投加量增大，Cr⁶⁺ 的光催化还原效率明显增大；当 STBBFS$_{300-5}$ 投加量超过 0.5g 后，Cr⁶⁺ 的光催化还原效率逐渐降低。这是因为：①在一定催化剂投加量范围内，随着悬浮液中催化剂投加量的增大，光子的吸收概率增大，可利用的光能增多，因而增加了 Cr⁶⁺ 光催化还原效率；当投加量达到一定值时，催化剂吸收光子的能力接近或达到饱和，对溶液的降解效率已达到最大；再增加催化剂用量时，则会导致悬浮液的浊度增大，造成光散射，导致紫外光不能充分透射到溶液中，降低了光量子效率，影响光能利用，因而降低了 Cr⁶⁺ 光催化还原效率。②部分 STBBFS$_{300-5}$ 容易沉在反应器底部，虽然磁力搅拌可起到搅拌作用，但是 STBBFS$_{300-5}$ 使用量较大时，STBBFS$_{300-5}$ 未能全部充分分散在溶液之中，所以过多的 STBBFS$_{300-5}$ 并没有使 Cr⁶⁺ 光催化还原效率增加。此外，过高的催化剂用量会增加处理成本。所以在满足处理效果的前提下，尽量减少催化剂的用量。因此，选取 STBBFS$_{300-5}$ 投加量为 0.5g 进行实验。

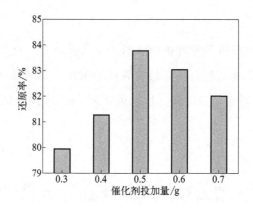

图 4.7　催化剂投加量对 $Cr^{6+}$ 光催化还原率的影响

## 4.7　$Cr^{6+}$ 初始浓度对 $STBBFS_{300-5}$ 光催化还原 $Cr^{6+}$ 的影响

图 4.8 是 $Cr^{6+}$ 初始浓度对 $Cr^{6+}$ 光催化还原效率的影响。由图可见，在相同反应条件下 [pH＝1.5（硫酸调节）；$STBBFS_{300-5}$ 投加量＝0.5g；循环流量＝25mL/min；$t$＝180min]，随着 $Cr^{6+}$ 初始浓度由 10mg/L 增加到 50mg/L，$Cr^{6+}$ 的还原率由 100％降到 18.51％。由此可见，溶液的初始浓度对 $Cr^{6+}$ 光催化还原效率影响很大，溶液的初始浓度越高，这种影响越大；换句话说，要达到相同的 $Cr^{6+}$ 光催化还原效率，所需要的光催化时间越长。这是因为：一方面在 $STBBFS_{300-5}$ 催化剂浓度不变的情况下，污染物可获得的有效活性吸附位是有限的；增加 $Cr^{6+}$ 的浓度导致可获得的有效活性吸附位数量减少，减少了 $Cr^{6+}$ 与光生电子的还原反应，因而导致 $Cr^{6+}$ 的还原率降低。另一方面，溶液的初始浓度增加，光的透过率降低，导致 STBBFS_{300-5} 催化剂可获得的光子数量降低，因而光激发产生的电子-空穴对也随之减少，进而导致 $Cr^{6+}$ 的还原率降低。

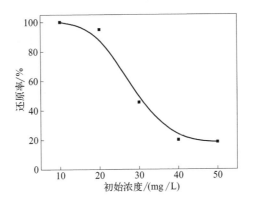

图 4.8　Cr$^{6+}$ 初始浓度对 Cr$^{6+}$ 光催化还原率的影响

## 4.8　循环流量对 STBBFS$_{300-5}$ 光催化还原 Cr$^{6+}$ 的影响

图 4.9 是循环流量对 Cr$^{6+}$ 光催化还原率的影响。由图可见，在相同反应条件下［pH=1.5（硫酸调节）；STBBFS$_{300-5}$ 投加量=0.5g；Cr$^{6+}$ 初始浓度=20mg/L；$t$=120min］，随着循环流量的增加，Cr$^{6+}$ 的还原率变化不大。由此可看出，循环流量对 Cr$^{6+}$ 光催化还原效率影响不大。

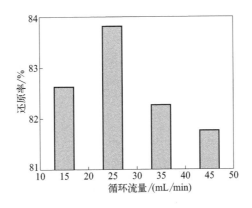

图 4.9　循环流量对 Cr$^{6+}$ 光催化还原率的影响

## 4.9 STBBFS$_{300-5}$ 的使用寿命和分离性能

很多研究表明，中间产物在光催化剂表面累积会导致催化剂失活，从而使其重复使用时活性下降。图 4.10 为 STBBFS$_{300-5}$ 对 $Cr^{6+}$ 的光催化还原活性测试结果。循环使用 5 次后 STBBFS 催化剂对 $Cr^{6+}$ 的光催化还原率为 92.2%。由图 4.11 光催化后催化剂表面的电子能谱（EDS）分析可知，铬

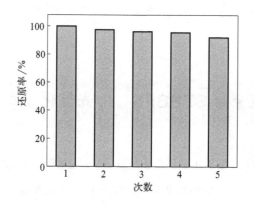

图 4.10 STBBFS$_{300-5}$ 的使用寿命

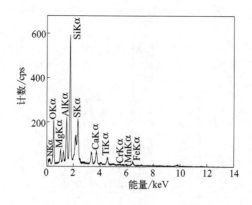

图 4.11 光催化反应后催化剂表面的 EDS 能谱

的总含量不到 0.5%，进一步说明了 $STBBFS_{300-5}$ 重复使用时活性高的原因。催化剂分离性能测试结果表明，与 $P25TiO_2$ 相比，$STBBFS_{300-5}$ 催化剂表现出优异的分离性能。24h 内 $STBBFS_{300-5}$ 可完全沉降，且固-液界面清晰，而 $P25TiO_2$ 经过 130h 还未见明显的分层现象。因此，$STBBFS_{300-5}$ 的高活性、不易失活，以及易分离的特性，使其在实际废水处理方面具有很大的潜在应用价值。

## 4.10 $Cr^{6+}$ 单一体系正交实验设计

为优化反应条件，探索多因素耦合状态下光催化反应体系的优化设计。实验采用正交实验设计的方法，以避免"炒菜式"的传统实验模式，试图以最少的实验量来找出影响因素及其特征。为此，在实验中综合考虑了影响 $Cr^{6+}$ 光催化还原效率的若干因素，设计了以 pH 值、酸介质、催化剂投加量、初始浓度四个因素的三个水平的正交实验表格（如表 4.2），pH 选择的三个水平点分别为 1.5、2.5 和 3.5；催化剂投加量选择的三个水平点分别为 0.4g、0.5g 和 0.6g；酸介质分别为硫酸、硝酸、盐酸；初始浓度分别为 10mg/L、20mg/L 和 30mg/L。

表 4.2 反应条件的正交实验设计表

| 序号 | 影响因素 | 水平 1 | 水平 2 | 水平 3 |
|---|---|---|---|---|
| 1 | pH 值 | 1.5 | 2.5 | 3.5 |
| 2 | 酸介质 | 硫酸 | 硝酸 | 盐酸 |
| 3 | 催化剂投加量/g | 0.4 | 0.5 | 0.6 |
| 4 | 初始浓度/(mg/L) | 10 | 20 | 30 |

表 4.3 为九组实验的相关组合 $L_9(3^4)$ 正交表。以 $Cr^{6+}$ 光催化还原效率作为衡量反应条件优劣的重要判据。由表 4.3 中可看出，pH 值、酸介

质、催化剂投加量、初始浓度因素的极差分别是 60.697、14.920、4.103、32.824。通常认为极差越大，该因素对 $Cr^{6+}$ 的光催化还原率影响越大，而 pH 值的极差是各因素中最大的，说明 pH 值对实验结果影响最大。各因素的主次顺序为：pH 值＞初始浓度＞酸介质＞催化剂投加量。因此本试验中最佳水平组合为：pH＝1.5（硫酸调节），$Cr^{6+}$ 初始浓度＝10mg/L，催化剂投加量＝0.5g，此时 $Cr^{6+}$ 的光催化还原率最大。

**表 4.3  $Cr^{6+}$ 单一体系的正交实验结果**

| 因素 | pH 值 | 酸介质 | 催化剂投加量 | 初始浓度 | 还原率 |
|---|---|---|---|---|---|
| 实验 1 | 1 | 1 | 1 | 1 | 96.3 |
| 实验 2 | 1 | 2 | 2 | 2 | 75.8 |
| 实验 3 | 1 | 3 | 3 | 3 | 46.77 |
| 实验 4 | 2 | 1 | 2 | 3 | 21.83 |
| 实验 5 | 2 | 2 | 3 | 1 | 50.4 |
| 实验 6 | 2 | 3 | 1 | 2 | 14.75 |
| 实验 7 | 3 | 1 | 3 | 2 | 11.15 |
| 实验 8 | 3 | 2 | 1 | 3 | 2.63 |
| 实验 9 | 3 | 3 | 2 | 1 | 23 |
| 均值 1 | 72.957 | 43.093 | 37.893 | 56.567 | |
| 均值 2 | 28.993 | 42.943 | 40.210 | 33.900 | |
| 均值 3 | 12.260 | 28.173 | 36.107 | 23.743 | |
| 极差 | 60.697 | 14.920 | 4.103 | 32.824 | |

图 4.12 是还原率与四因素关系图。由图可见：①pH 值越低，$Cr^{6+}$ 还原率越高，以 pH＝1.5 为最好（pH＝1.0 时的还原率与 pH＝1.5 时得到的还原率差别不大，为降低成本，因此，以 pH＝1.5 为最好）；②以硫酸作为酸介质调节溶液酸度，$Cr^{6+}$ 还原率最高；③催化剂投加量对 $Cr^{6+}$ 还原率影响不大，以催化剂投加量＝0.5g 为最好；④初始浓度越低，$Cr^{6+}$ 还原率越高。因此，最佳实验条件与表 4.3 得出的一致。

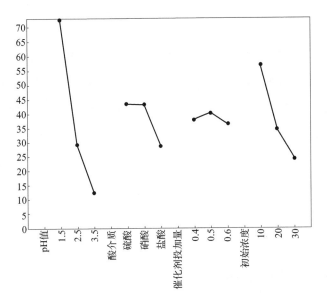

图 4.12 还原率与四因素关系图

## 4.11 表观动力学分析

光催化反应主要由光源以及催化剂的本身性质决定，但是光催化氧化还原机理很复杂，很难从基元反应步骤描述反应动力学，因而提出了很多模型来描述光催化反应动力学，其中最为常用的模型是 Langmuir-Hinshelwood 动力学模型（L-H 模型）。根据 Langmuir-Hinshelwood 反应动力学机理，当反应物浓度很高时（$C_0 > 5 \times 10^{-3}$ mol/L），反应物分子在催化剂表面吸附达到饱和，反应速度完全由催化剂表面电子和空穴的数量决定，与反应物初始浓度无关。此时 $C$-$t$ 为直线关系，表明光催化反应为零级反应。当反应物浓度很低时（$C_0 < 10^{-3}$ mol/L），$KC \ll 1$ 时，反应物分子在催化剂表面未达到饱和吸附，此时反应速度虽然与催化剂表面电子和空穴的数量有关，但主要由反应物浓度决定，此时 $\ln(C_0/C)$-$t$ 为直线关系，光催化反应为一

级反应[184]。式（4.1）是 L-H 模型最简单的形式：

$$1/r = 1/k + 1/kKC_0 \tag{4.1}$$

式中，$r$ 是反应速率常数；$k$ 是发生在催化剂表面活性位置的表观反应速率常数；$K$ 是表观吸附平衡常数，$C_0$ 是反应初始阶段反应物浓度。

$Cr^{6+}$ 单一体系中 $Cr^{6+}$ 的光催化还原过程遵循 L-H 动力学规律（$R = 0.999$），通过拟合得，$k = 0.1331mg/(L \cdot min)$，$K = 0.0189L/mg$。由此可看出，$Cr^{6+}$ 在 $STBBFS_{300-5}$ 表面的吸附是 $Cr^{6+}$ 光催化还原反应的速率决定步骤。因而 $Cr^{6+}$ 吸附至 $STBBFS_{300-5}$ 表面是整个光催化还原过程的关键。

# 4.12　光催化机理探讨

通常认为钙钛矿型催化剂的光催化活性是由 $BO_6$ 八面体结构以及 B 位阳离子的价态所决定的。对于 $STBBFS_{300-5}$ 催化剂来说，因其具有 38% 的钙钛矿（$CaTiO_3$），在紫外-可见光的激发下，产生光生电子和光生空穴，其中光生电子在酸性介质中，能将 $Cr^{6+}$ 还原为 $Cr^{3+}$，使得 $Cr^{6+}$ 的浓度降低，逐步达到排放标准。因此，$STBBFS_{300-5}$ 光催化还原 $Cr^{6+}$ 的主要反应如下：

$$CaTiO_3 + h\nu \longrightarrow e_{cb}^- + h\nu_b^+ \tag{4.2}$$

酸性条件下

$$HCrO_4^- + 7H^+ + 3e_{cb}^- \longrightarrow Cr^{3+} + 4H_2O \tag{4.3}$$

$$Cr_2O_7^{2-} + 14H^+ + 6e_{cb}^- \longrightarrow 2Cr^{3+} + 7H_2O \tag{4.4}$$

中性或碱性条件下

$$CrO_4^{2-} + 4H_2O + 3e_{cb}^- \longrightarrow Cr(OH)_3 + 5HO^- \tag{4.5}$$

$$H_2O + h\nu_b^+ \longrightarrow HO^\cdot + H^+ \tag{4.6}$$

$$Cr^{3+} + h\nu_b^+ (HO^\cdot) \longrightarrow Cr^{6+} (+HO^-) \tag{4.7}$$

式（4.2）代表着 STBBFS 中的钙钛矿在紫外-可见光照射下，吸收光子产生电子-空穴对；式（4.3）~式（4.5）代表着 $Cr^{6+}$ 与光生电子之间的光催化还原反应；式（4.6）、式（4.7）为 $Cr^{3+}$ 与光生空穴或 $HO^{\cdot}$ 之间的光催化氧化反应。

由图 3.16 中 $STBBFS_{300-5}$ 光催化反应后的红外光谱分析中已经得出：$Cr^{6+}$ 浓度的降低并非 $STBBFS_{300-5}$ 催化剂物理吸附所致，而是溶液中悬浮的 $STBBFS_{300-5}$ 催化剂受能量大于其能带宽的光照射，产生了光生电子-空穴对，与吸附在催化剂表面的 $Cr^{6+}$ 物种发生还原反应使之降解。此外，通过对比 $STBBFS_{300-5}$ 中所有元素吸附反应前后的 XPS 谱图，发现只有 Mn 离子和 Fe 离子的结合能在吸附反应后发生了改变，说明 $STBBFS_{300-5}$ 中的 Mn 离子和 Fe 离子对 $Cr^{6+}$ 的去除有一定影响。并得出结论：有一部分 $Cr^{6+}$ 浓度的降低是由 $Mn^{2+}$ 和 $Fe^{2+}$ 还原导致的。

通过对比未反应的 $STBBFS_{300-5}$ 表面、吸附后以及光催化反应后催化剂表面中 Mn 离子和 Fe 离子的 XPS 谱图，来进一步确定 Mn 离子和 Fe 离子对 $Cr^{6+}$ 光催化还原过程的影响。图 4.13 是光催化后 $STBBFS_{300-5}$ 表面上 Mn 离子的 XPS 光谱（Mn 在未反应的 $STBBFS_{300-5}$ 催化剂、吸附后的 $STBBFS_{300-5}$ 催化剂表面上的 XPS 光谱见图 3.17）。由图可见，结合能为

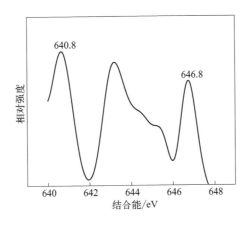

图 4.13　Mn 2p3 光催化后的 $STBBFS_{300-5}$ 表面上的 XPS 光谱

640.8eV 的 Mn 的 2p3 峰对应于 $Mn^{2+}$，而结合能为 646.8eV 的峰则对应于 $Mn^{7+}$。与图 3.17（b）相比较发现，光催化反应后，除了含有未反应的 Mn 离子，一部分 Mn 离子的价态由吸附反应后的 $Mn^{3+}$ 和 $Mn^{4+}$ 升高到 $Mn^{7+}$，这说明，一部分 Mn 离子除了与 $Cr^{6+}$ 发生了氧化还原反应，还可能与光生空穴发生了氧化反应，导致化合价升到七价。此外，研究表明：低价 Mn 离子可以作为空穴的浅势捕获陷阱，抑制电子和空穴对的复合，因而提高催化剂的光催化效率。光催化后 $STBBFS_{300-5}$ 表面上 Fe 的 XPS 光谱，与吸附后的 $STBBFS_{300-5}$ 表面上 Fe 的 XPS 光谱相差不大，催化剂表面也是既含有 $Fe^{2+}$，也含有 $Fe^{3+}$。

图 4.14 显示的是光催化反应后，STBBFS 表面 Cr 离子的 XPS 谱图。由图可见，结合能为 576eV、577.3eV、578.6eV 的 Cr 的 2p3/2 峰对应于 $Cr^{3+}$，而 580.1eV 则对应于 $Cr^{6+}$。根据光催化反应后催化剂表面的 XPS 全分析，总 Cr 的含量不到 0.1%；而图 4.15 是 $Cr^{6+}$ 的紫外-可见光吸收光谱随时间的变化曲线，由图可见，反应结束时不存在 $Cr^{6+}$ 的特征峰（即溶液中没有 $Cr^{6+}$ 物种）。综上所述，反应结束时，只有少量的 Cr 以 $Cr^{6+}$ 形式存在于催化剂表面（<0.1%），且生成的 $Cr^{3+}$ 物种不易于吸附在催化剂表面。因此，$Cr^{6+}$ 浓度的降低一部分是由于光催化还原导致的，另一部分是由于催化剂本身含有的 $Mn^{2+}$ 和 $Fe^{2+}$ 还原导致的。

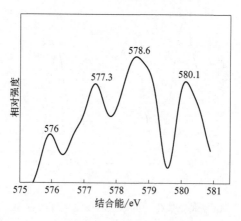

图 4.14　$STBBFS_{300-5}$ 表面上铬离子的 XPS

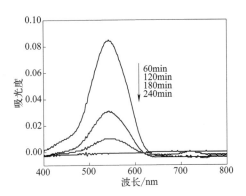

图 4.15　$Cr^{6+}$ 的紫外-可见光吸收光谱随时间变化曲线

$STBBFS_{300-5}$ 作为光催化剂，以 $Cr^{6+}$ 溶液的还原率为评价指标，研究了紫外光波长和强度、溶液的初始 pH 值、溶液的最终 pH 值、不同酸介质、$Cr^{6+}$ 溶液初始浓度、光催化剂加入量、循环流量、催化剂的使用寿命和分离效果等方面对 $STBBFS_{300-5}$ 光催化还原 $Cr^{6+}$ 单一体系的影响；利用正交实验分析各因素对 $Cr^{6+}$ 光催化效率的影响程度；探讨了 $STBBFS_{300-5}$ 光催化还原 $Cr^{6+}$ 的机理，并进行了表观动力学分析。

① 光源的波长越短，光强越强，$Cr^{6+}$ 的光催化还原效率就越高；$Cr^{6+}$ 在强酸性条件（pH＝1.5）时，光催化还原效率最高，光催化反应 4h，即可完全降解；不同酸介质对 $STBBFS_{300-5}$ 光催化还原 $Cr^{6+}$ 的促进作用按 $PO_4^{3-} < NO_3^- < Cl^- < SO_4^{2-}$ 逐渐增强。

② $STBBFS_{300-5}$ 投加量存在一个最佳值，为 0.5g；溶液的初始浓度越高，对 $Cr^{6+}$ 光催化还原效率影响越大；循环流量对 $Cr^{6+}$ 光催化还原效率影响不大。

③ 根据正交实验结果，不同因素对 $Cr^{6+}$ 光催化还原效率的影响程度按：pH 值＞初始浓度＞酸介质＞催化剂投加量。其最佳水平组合为：pH＝1.5（硫酸调节），$Cr^{6+}$ 初始浓度＝10mg/L，催化剂投加量＝0.5g。

④ $Cr^{6+}$ 单一体系中 $Cr^{6+}$ 的光催化还原过程遵循 L-H 动力学规律，通

过拟合得，$k = 0.1331\text{mg}/(\text{L} \cdot \text{min})$，$K = 0.0189\text{L/mg}$。由此可看出，$Cr^{6+}$ 在 $STBBFS_{300-5}$ 表面的吸附是 $Cr^{6+}$ 光催化还原反应的速率决定步骤。

⑤ 通过对比 $Cr^{6+}$ 单一体系中，未反应的 $STBBFS_{300-5}$ 表面、吸附后、光催化反应后催化剂表面的 XPS 谱图以及红外谱图，结果表明：$Cr^{6+}$ 浓度的降低一部分是由于光催化还原导致的，另一部分是由于催化剂本身含有的 $Mn^{2+}$ 和 $Fe^{2+}$ 还原导致的。

# 第 5 章

## 光催化处理Cr$^{6+}$-乙酸复合体系的研究

## 5.1　概述

乙酸（acetic acid，AA）是一种有机化合物，是典型的脂肪酸，具有明显的酸性，在水溶液里能电离出部分氢离子，是一种弱酸。乙酸是一种重要的化学试剂，它在有机化工中的地位与无机化工中的硫酸相当。乙酸主要用于制取醋酸乙烯、溶剂、醋酸纤维素、醋酸酯等。虽然乙酸是人类生活和生产过程中一个重要的化学试剂，但是乙酸吸入后对鼻、喉和呼吸道有刺激性，属于低毒类化学试剂。此外，乙酸是糠醛废水中的主要污染物，在生产糠醛的废水中含量可达 1.0%～2.5%；而糠醛废水是一种难以处理的、酸性强的高浓度有机废水。因此，降解和矿化废水中含有的乙酸，对于糠醛废水的降解及人类健康都有着重要意义。此外，大量的研究已经证明，在光催化过程中，添加有机物作为空穴清除剂或与催化剂发生螯合反应，能够促进污染物的光催化降解。研究已经证明，存在水杨酸、草酸盐、氯苯酚、苯酚、染料、腐殖酸、乙酸、柠檬酸或有机废水，如：造纸废水、垃圾渗滤液、印染废水等有机物的情况下，可以快速地清除催化剂表面的光生空穴，抑制电子-空穴对的再结合，因而促进了光生电子还原效率，增加催化剂的光催化活性。

## 5.2　AA/Cr$^{6+}$ 体积比对 Cr$^{6+}$ 光催化还原效率的影响

无催化剂，Cr$^{6+}$ 初始浓度＝20mg/L，乙酸体积＝2mL，pH＝1.5（硫酸调节），避光循环搅拌 12 h，Cr$^{6+}$ 浓度降低 15.5% 左右，说明乙酸与 Cr$^{6+}$ 在溶液中存在着较弱的氧化还原作用；无催化剂，Cr$^{6+}$ 初始浓度＝20mg/L，乙酸体积＝2mL，pH＝1.5（硫酸调节），紫外-可见光辐照 2h

时，$Cr^{6+}$ 浓度降低 19.36% 左右，说明紫外-可见光对乙酸与 $Cr^{6+}$ 之间的氧化还原反应有一定促进作用。

图 5.1 显示的是 $AA/Cr^{6+}$ 体积比 $R$ 与 $Cr^{6+}$ 光催化还原效率的关系。由图可见，在相同反应条件下（$pH=2.5$；$Cr^{6+}$ 初始浓度 $=20mg/L$；$R=0\sim0.8\%$；$STBBFS_{300-5}$ 投加量 $=0.5g$；循环流量 $=25mL/min$；$t=20min$），随着 $Cr^{6+}$-AA 复合体系中 $R$ 增加，$Cr^{6+}$ 的还原效率先是明显增大；当 $R$ 达到 0.2% 后，$Cr^{6+}$ 的还原效率逐渐降低。但在 $Cr^{6+}$-AA 复合体系中，$Cr^{6+}$ 的还原效率始终高于 $Cr^{6+}$ 单一体系（$R=0$）。较高 $R$ 值的抑制效应，可能是由于光催化还原过程中，过多的乙酸竞争吸附中心或者是由吸附中心和光活性中心距离过长导致的。Hu 等[185] 认为催化剂表面吸附的羧基酸及无机酸会占据催化剂表面的活性位置，从而促进催化剂表面的活性物种进行重组和重新分配，且这种"改性"效果随着有机物浓度的变化而变化，因而对光催化效果产生影响。此外，Renzi 和 Arana 等[186,187] 认为多种混合物存在于光催化过程中时，通过竞争催化剂表面活性吸附中心或改变催化剂表面物种的分布而对光催化效果产生影响。

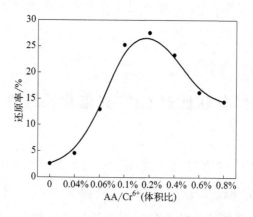

图 5.1　$AA/Cr^{6+}$ 体积比与 $Cr^{6+}$ 光催化还原效率的关系

## 5.3　Cr$^{6+}$ 初始浓度对 Cr$^{6+}$-AA 复合体系中 Cr$^{6+}$ 光催化还原效率的影响

图 5.2 是 Cr$^{6+}$ 初始浓度对 Cr$^{6+}$-AA 复合体系中 Cr$^{6+}$ 光催化还原效率的影响。由图可见，在相同的反应条件下（pH＝2.5；STBBFS$_{300-5}$ 投加量＝0.5g；循环流量＝25mL/min；$t$＝120min），随着 Cr$^{6+}$-AA 复合体系中 Cr$^{6+}$ 初始浓度由 20mg/L 增加到 50mg/L，Cr$^{6+}$ 的还原率由 100％ 降到 40.71％。由此可见，反应体系添加 AA 后，Cr$^{6+}$ 初始浓度对 Cr$^{6+}$ 的光催化还原效率影响仍然很大；但是与 Cr$^{6+}$ 单一体系（见图 4.8）相比，初始浓度的影响程度有所降低，且随着溶液初始浓度的增大，这种影响越小。Deng 等[188,189] 认为，存在小分子有机酸（如水杨酸、乙酸、柠檬酸、草酸等）时，有机酸与 Cr$^{6+}$ 在溶液中存在着较弱的氧化还原作用。Wittbrodt 等[190] 也认为，从热力学上分析，天然有机物与 Cr$^{6+}$ 之间的氧化还原反应能够自发进行，但是只有有机物作为还原剂时，Cr$^{6+}$ 的还原效率非常低。孙俊[191] 则认为，当溶液中存在含有 Fe$^{3+}$ 的矿物时，酸性条件下，矿物表面部分 Fe$^{3+}$ 进入溶液，在溶液中直接与有机酸形成配合物；在一定波长的

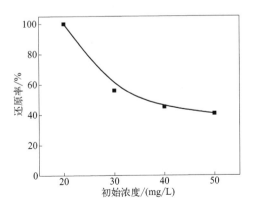

图 5.2　Cr$^{6+}$ 初始浓度对 Cr$^{6+}$ 光催化还原率的影响

光的作用下，会产生具有很强还原性质的自由基和 $Fe^{2+}$，因而促进了 $Cr^{6+}$ 的光催化还原效率。

因此，可以认为乙酸存在时，溶液初始浓度对 $Cr^{6+}$ 光催化还原效率影响程度降低，一方面是因为乙酸与 $Fe^{3+}$ 形成配合物后，在光的激发下，产生 $Fe^{2+}$ 和 $CO_2{}^{\cdot-}$ 自由基；同时由于 $Fe^{2+}$ 和 $CO_2{}^{\cdot-}$ 作用，$Cr^{6+}$ 被还原为 $Cr^{5+}$，而 $Fe^{2+}$ 被氧化为 $Fe^{3+}$；$Fe^{3+}$ 继续与有机物发生络合反应生成配合物，因此形成了一个反应循环，最终将 $Cr^{6+}$ 完全还原为 $Cr^{3+}$。另一方面，在光催化过程中，添加有机物种作为空穴清除剂，可以快速地清除催化剂表面的光生空穴，抑制电子-空穴对的再结合，增加催化剂的光催化活性，因而促进了光生电子的还原效率。

## 5.4 pH 值对 $Cr^{6+}$-AA 复合体系中 $Cr^{6+}$ 光催化还原效率的影响

图 5.3 是 $Cr^{6+}$-AA 复合体系中不同初始 pH 下的 $Cr^{6+}$ 的光催化还原效率和平衡吸附效率。由图可见，在相同反应条件下（$Cr^{6+}$ 初始浓度 $=20mg/L$；$R=0.2\%$；$STBBFS_{300-5}$ 投加量 $=0.5g$；循环流量 $=25mL/min$；$t=90min$），改变体系的初始 pH 对 $Cr^{6+}$ 还原效率和平衡吸附效率都有显著影响；随着溶液初始 pH 增大，$Cr^{6+}$ 的还原率和吸附率都明显降低。相同反应条件下（90min），pH$=1.5$ 时，无论是 $Cr^{6+}$ 单一体系还是 $Cr^{6+}$-AA 复合体系中 $Cr^{6+}$ 的还原效率都达到最大值。pH 对 $Cr^{6+}$ 光催化还原效率以及平衡吸附效率的影响原因详见 4.4 节。

图 5.4 显示的是 $Cr^{6+}$-AA 复合体系中最终 pH 值与初始 pH 值的关系。由图可见，在 $Cr^{6+}$-AA 复合体系中，最终 pH 值与初始 pH 值相比，几乎是没有变化（特别是 pH$=1.5$ 和 pH$=2.5$）；而 $Cr^{6+}$ 单一体系的最终 pH 值与初始 pH 值相比，发生了明显的改变，特别是在初始 pH$=3.5$ 时，反

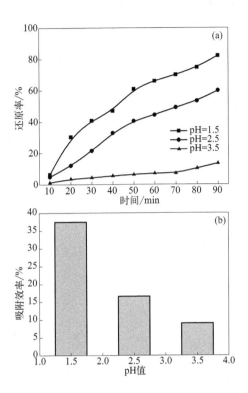

图 5.3　Cr$^{6+}$-AA 复合体系中不同初始 pH 值下 Cr$^{6+}$
的光催化还原效率（a）和平衡吸附效率（b）

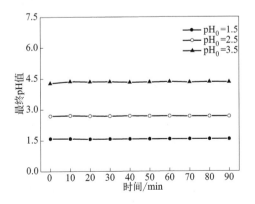

图 5.4　最终 pH 值与初始 pH 值的关系

应结束时,最终 pH 值已接近于 7,此时反应液中含有较多的 $OH^-$,易与 $Cr^{3+}$ 生成 $Cr(OH)_3$ 沉积在催化剂表面的有效吸附位,减少了催化剂为 $Cr^{6+}$ 所提供的有效吸附位,不利于 $Cr^{6+}$ 还原反应的进行,因而导致 $Cr^{6+}$ 的还原率降低;因此,加入乙酸后,抑制了反应体系 pH 值的变化,这进一步说明了 $Cr^{6+}$-AA 复合体系中 $Cr^{6+}$ 光催化效率高的原因。

图 5.5 显示的是 $Cr^{6+}$-AA 复合体系中不同初始 pH 值(硫酸调节)下,$STBBFS_{300-5}$ 的红外谱图。图中 $565\sim586cm^{-1}$ 处的峰对应于钙钛矿;$455\sim474cm^{-1}$,$673cm^{-1}$,$970cm^{-1}$,$1050cm^{-1}$,$1070cm^{-1}$ 处的峰对应于透辉石;$885cm^{-1}$ 处的峰对应于镁黄长石-钙黄长石;$1110cm^{-1}$,$1170cm^{-1}$ 处的峰对应于 $SO_4^{2-}$;$2360cm^{-1}$ 处的峰对应于空气中的 $CO_2$;$1540cm^{-1}$ 处的峰对应于碳酸钙镁矿;$755cm^{-1}$,$1390cm^{-1}$ 处的峰对应于

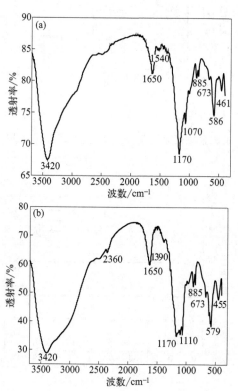

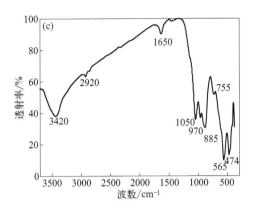

图 5.5　Cr$^{6+}$-AA 复合体系中不同初始 pH 值下的 STBBFS$_{300-5}$ 的红外谱图

(a) pH＝1.5；(b) pH＝2.5；(c) pH＝3.5

Cr$^{6+}$；2920cm$^{-1}$ 处的峰对应于乙酸中 CH$_2$ 键的反对称拉伸振动。由图可见，在相同反应条件下，随着溶液初始 pH 值（pH＝1.5～3.5）增大，红外谱图中出现了 Cr$^{6+}$ 的特征峰（755cm$^{-1}$，1390cm$^{-1}$），这进一步说明，随着溶液初始 pH 值增大，不利于 Cr$^{6+}$ 还原反应的进行，因而导致 Cr$^{6+}$ 的还原率明显降低。

## 5.5　Cr$^{6+}$-AA 复合体系正交实验设计

表 5.1 为 Cr$^{6+}$-AA 复合体系反应条件的正交设计表。设计了以 pH 值、AA/Cr$^{6+}$ 体积比、催化剂投加量、初始浓度 4 个因素的 3 个水平的正交实验表格（如表 5.1），pH 值选择的三个水平点分别为 1.5、2.5 和 3.5；催化剂投加量选择的三个水平点分别为 0.4g、0.5g 和 0.6g；AA/Cr$^{6+}$ 体积比分别为 0.1％、0.2％、0.3％；初始浓度分别为 10mg/L、20mg/L 和 30mg/L。

表 5.1 Cr<sup>6+</sup>-AA 复合体系中反应条件的正交设计表

| No. | 影响因素 | 水平 1 | 水平 2 | 水平 3 |
|---|---|---|---|---|
| 1 | pH 值 | 1.5 | 2.5 | 3.5 |
| 2 | AA/Cr$^{6+}$ 体积比/% | 0.1 | 0.2 | 0.3 |
| 3 | 催化剂投加量/g | 0.4 | 0.5 | 0.6 |
| 4 | 初始浓度/(mg/L) | 10 | 20 | 30 |

图 5.6 是 Cr$^{6+}$-AA 复合体系中还原率与四因素关系图。由图可见：①pH 值越低，Cr$^{6+}$ 还原率越高，以 pH=1.5 为最好，还应进一步探索 pH 值更低的情况（pH=1.0 时的还原率与 pH=1.5 时得到的还原率差别不大，因此，以 pH=1.5 为最好）；②AA/Cr$^{6+}$ 体积比为 0.2% 时，Cr$^{6+}$ 还原率最高；③催化剂投加量对 Cr$^{6+}$ 还原率影响不大，以催化剂投加量=0.5g 为最好；④初始浓度越低，Cr$^{6+}$ 还原率越高。因此，最佳实验条件与表 5.2 得出的一致。

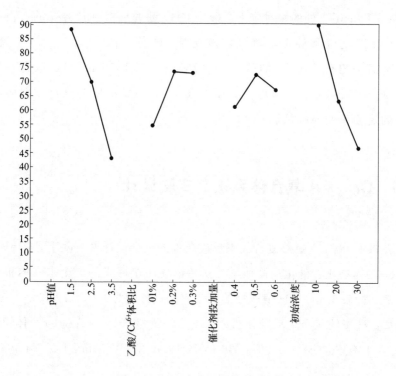

图 5.6 还原率与四因素关系图

表 5.2　Cr$^{6+}$-AA 复合体系的正交试验结果

| 因素 | pH 值 | AA/Cr$^{6+}$ 体积比 | 催化剂投加量 | 初始浓度 | 还原率/% |
|---|---|---|---|---|---|
| 实验 1 | 水平 1 | 水平 1 | 水平 1 | 水平 1 | 93.5 |
| 实验 2 | 水平 1 | 水平 2 | 水平 2 | 水平 2 | 96.75 |
| 实验 3 | 水平 1 | 水平 3 | 水平 3 | 水平 3 | 74.1 |
| 实验 4 | 水平 2 | 水平 1 | 水平 2 | 水平 3 | 43.4 |
| 实验 5 | 水平 2 | 水平 2 | 水平 3 | 水平 1 | 100 |
| 实验 6 | 水平 2 | 水平 3 | 水平 1 | 水平 2 | 67.25 |
| 实验 7 | 水平 3 | 水平 1 | 水平 3 | 水平 2 | 27 |
| 实验 8 | 水平 3 | 水平 2 | 水平 1 | 水平 3 | 23.97 |
| 实验 9 | 水平 3 | 水平 3 | 水平 2 | 水平 1 | 78.6 |
| 均值 1 | 88.117 | 54.633 | 61.573 | 90.700 | |
| 均值 2 | 70.217 | 73.573 | 72.917 | 63.667 | |
| 均值 3 | 43.190 | 73.317 | 67.033 | 47.157 | |
| 极差 | 44.927 | 18.940 | 11.344 | 43.543 | |

表 5.2 为九组试验的相关组合 L$_9$（3$^4$）正交表。以 Cr$^{6+}$ 光催化还原效率作为衡量 Cr$^{6+}$-AA 复合体系中反应条件优劣的重要判据。由表中可看出，pH 值、AA/Cr$^{6+}$ 体积比、催化剂投加量、初始浓度因素的极差分别是 44.927、18.940、11.344、43.543。pH 值的极差是各因素中最大的，说明 pH 值对 Cr$^{6+}$-AA 复合体系中反应条件影响最大。各因素的主次顺序为：pH 值＞初始浓度＞AA/Cr$^{6+}$ 体积比＞催化剂投加量。其最佳水平组合为：pH＝1.5，Cr$^{6+}$ 初始浓度＝10mg/L，AA/Cr$^{6+}$ 体积比＝0.2%，催化剂投加量＝0.5g。

## 5.6　协同效应对 Cr$^{6+}$-AA 复合体系中 Cr$^{6+}$ 光催化还原效率的影响

为了提高催化剂的光催化反应效率，一些添加剂可作为电子-空穴受体、吸附载体或助催化剂加到光催化过程中，使得光催化效率显著提高。协同效应归纳起来一般可分为三种类型：①加入电子-空穴受体，能降低光生电子-空穴对的复合，从而提高光催化反应效率[191]；②在悬浮体系中加入活性炭或硅藻土等作为吸附载体，降低光催化剂颗粒和被降解物之间的传质限制[192]，因而提高光催化反应效率；③在锐钛相催化剂颗粒中，加入少量的金红石相颗粒或经过热处理，使部分锐钛相颗粒变成金红石相，这样能大幅提高二氧化钛的催化活性[193]。

本书中，用协同效应因子（synergistic effect factor，SEF）来评价 $Cr^{6+}$-AA 复合体系的协同效应。SEF 定义为[193,194]：

$$SEF = RE_{P/Cr^{6+}/AA} - RE_{P/Cr^{6+}} - RE_{Cr^{6+}/AA^*} \qquad (5.1)$$

式中，P 是 $STBBFS_{300-5}$ 催化剂；$RE_{P/Cr^{6+}/AA}$、$RE_{P/Cr^{6+}}$、$RE_{Cr^{6+}/AA^*}$ 分别代表存在光催化剂情况下，$Cr^{6+}$-AA 复合体系和 $Cr^{6+}$ 单一体系以及不存在光催化剂情况下，$Cr^{6+}$-$AA^*$ 复合体系中 $Cr^{6+}$ 的光催化还原效率。如果 SEF>0，则复合体系具有协同效应（SEF 越大，则复合体系的协同效应越明显）；如果 SEF≤0，则复合体系不具有协同效应。

图 5.7（a）表示 SEF 随时间变化曲线，图 5.7（b）表示不同复合体系下 $Cr^{6+}$ 还原效率随时间的变化曲线。从图 5.7（a）中可看出，$Cr^{6+}$-AA 复合体系中存在着协同效应。在 $Cr^{6+}$-AA 复合体系中，$Cr^{6+}$ 的还原效率始终保持着较快地增长，直到反应结束。在整个实验过程中，$Cr^{6+}$-AA 复合体系中 $Cr^{6+}$ 的还原效率始终高于 $Cr^{6+}$-$AA^*$ 复合体系以及 $Cr^{6+}$ 单一体系，因而 SEF 始终大于 0。在反应 0~50min 之间，SEF 迅速增大；而当反应大于 50min 后，SEF 逐渐减小。这是因为反应时间越长，可以获得的光生电子越多，越有益于 $Cr^{6+}$ 的还原，因而协同效应越明显。当反应一定时间后，$Cr^{6+}$-AA 复合体系中 $Cr^{6+}$ 的还原效率接近于最大值（100%），而 $Cr^{6+}$-$AA^*$ 复合体系以及 $Cr^{6+}$ 单一体系中 $Cr^{6+}$ 的还原效率仍保持持续增加，因而，导致 $Cr^{6+}$-AA 复合体系的 SEF 开始降低。

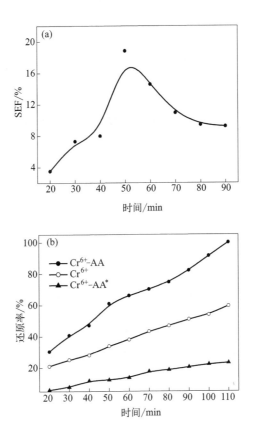

图 5.7　（a）SEF 随时间变化曲线及（b）不同复合体系下

$Cr^{6+}$ 还原效率随时间变化曲线

由以上分析可知，$Cr^{6+}$-AA 复合体系中，$Cr^{6+}$ 还原效率增加的原因主要有三个：①乙酸与 $Fe^{3+}$ 形成配合物后，在光的激发下，会产生具有很强还原性质的自由基和 $Fe^{2+}$，从而将 $Cr^{6+}$ 还原成低价态的 $Cr^{5+}$，其自身又被氧化成 $Fe^{3+}$，$Fe^{3+}$ 再同有机酸形成配合物，如此形成循环反应，最终将 $Cr^{6+}$ 还原为 $Cr^{3+}$。②此外，乙酸存在时，能有效抑制催化剂表面的电子-空穴对复合，促进光生电子转移到 $Cr^{6+}$，将之还原。③$Cr^{6+}$ 的光催化还原与乙酸之间存在着明显的协同效应（SEF＞0）。因为实际废水中经常既含有有机物种又含有重金属，如果能选择合适的有机污染物作为空穴清除剂，进一步提高 $STBBFS_{300-5}$ 处理 $Cr^{6+}$ 废水的效率，那么对于应用 $STBBFS_{300-5}$ 光催化处理实际废水有着深远的意义。

## 5.7  $Cr^{6+}$-AA 复合体系中表观动力学分析

图 5.8 是 $Cr^{6+}$ 初始反应速率倒数与其初始浓度倒数之间的关系。由图可见，它们之间呈现很好的线性关系，表明：$Cr^{6+}$-AA 复合体系中，$Cr^{6+}$ 的光催化还原过程遵循 L-H 动力学规律，通过拟合得，$k=0.2467mg/(L \cdot min)$，$K=0.0108L/mg$。由图可见，在 $Cr^{6+}$-AA 复合体系中，$Cr^{6+}$ 光催化还原反应的速率决定步骤仍然是 $Cr^{6+}$ 在 $STBBFS_{300-5}$ 表面的吸附。这与 $Cr^{6+}$ 单一体系的结论一致：在 $Cr^{6+}$-AA 复合体系中，$Cr^{6+}$ 平衡吸附效率降低导致其光催化还原效率也降低，因而 $Cr^{6+}$ 吸附至 $STBBFS_{300-5}$ 表面仍然是整个光催化还原过程的关键。

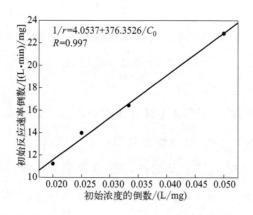

图 5.8  $Cr^{6+}$-AA 复合体系中 $Cr^{6+}$ 光催化还原 L-H 表观动力学曲线

纵坐标　初始反应速率倒数；横坐标　初始浓度倒数

## 5.8　Cr$^{6+}$-AA 复合体系中光催化机理探讨

由前面的分析进一步确定了乙酸在 Cr$^{6+}$ 的光催化还原过程中所起的作用：乙酸通过消耗空穴作为电子供体，促进电子-空穴对的分离，因而增强了 Cr$^{6+}$ 的还原效率。而乙酸的降解通常认为是通过光-科尔柏反应[195,196]，与羟基自由基或空穴反应而降解的。因此，Cr$^{6+}$-AA 复合体系中主要反应如下[195-198]：

当溶液中存在乙酸时［未存在乙酸时 Cr$^{6+}$ 的主要反应详见式（4.2）～式（4.7）］

$$AA + HO^· \longrightarrow AA^· + /H_2O \tag{5.2}$$

$$AA + h\nu_b^+ \longrightarrow AA^· + CO_2 \tag{5.3}$$

当溶液中存在有机物时，一般认为有机物的降解可能有四种途径：①吸附的有机物同吸附的羟基自由基之间的反应；②吸附的有机物同扩散到溶液中的羟基自由基之间的反应；③溶液相中的有机物同溶液相中的自由基之间的反应；④吸附的自由基同扩散到催化剂表面的有机物之间的反应。

当溶液中存在 Fe$^{3+}$、AA、Cr$^{6+}$ 时，在溶液中所发生的氧化还原反应可能有三种[191,198]：①Fe$^{3+}$ 被有机酸还原生成 Fe$^{2+}$，Fe$^{2+}$ 可以还原 Cr$^{6+}$，同时自身又被氧化成 Fe$^{3+}$，Fe$^{3+}$ 再被有机酸还原，如此实现 Cr$^{6+}$ 的还原和 Fe$^{3+}$/Fe$^{2+}$ 的循环。②有机酸中的羧酸直接进行光解，产生还原性的自由基，能够将溶液中的 Cr$^{6+}$ 还原为 Cr$^{3+}$。③Fe$^{3+}$ 与有机酸生成了 Fe$^{3+}$-有机酸配合物，在一定波长的光的作用下，会产生具有很强还原性质的自由基和 Fe$^{2+}$，从而将 Cr$^{6+}$ 还原成低价态的 Cr$^{5+}$，其自身又被氧化成 Fe$^{3+}$，Fe$^{3+}$ 再同有机酸形成配合物，如此形成循环反应，最终将 Cr$^{6+}$ 还原为 Cr$^{3+}$。暗态条件下，单纯的有机酸还原 Cr$^{6+}$ 的速率很慢，而 Cr$^{6+}$→Cr$^{3+}$ 的氧化电位（1.232V）明显高于 Fe$^{3+}$→Fe$^{2+}$ 的氧化电位（0.358V），因此，可知有机酸对于将 Fe$^{3+}$ 还原为 Fe$^{2+}$ 的速率会更慢，甚至根本就不反应[188]；而根据文献［191］的实验结果可知，有机酸中的羧酸可以直接进行光解，产生还原性自由基，将溶液中 $Cr^{6+}$ 还原为 $Cr^{3+}$，但是其反应速率低于存在 $Fe^{3+}$ 时的反应速率。因此，在整个反应体系中真正起作用的，应该是 $Fe^{3+}$-有机酸这种配合物，这种配合物具有很强的光化学活性，受到光激发，吸收光子成为激发态，在激发态上会具有较高的能量，能够将溶液中的 $Cr^{6+}$ 还原为 $Cr^{3+}$ 或将 $Fe^{3+}$ 还原为 $Fe^{2+}$，最终导致整个体系中的 $Cr^{6+}$ 被完全还原。

对比 $Cr^{6+}$-AA 复合体系中，未反应的 STBBFS$_{300-5}$ 表面、吸附后以及光催化反应后催化剂表面的 XPS 谱图，发现在 $Cr^{6+}$-AA 复合体系中也是 Mn 离子和 Fe 离子的价态发生了改变。图 5.9 是 $Cr^{6+}$-AA 复合体系中，

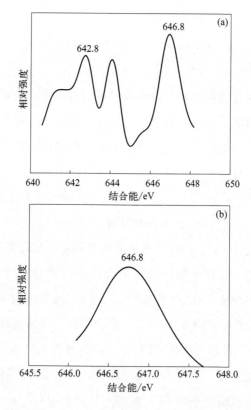

图 5.9　不同条件下的 Mn 2p3 在 STBBFS$_{300-5}$ 表面上的 XPS 光谱

（a）吸附后的 STBBFS$_{300-5}$；（b）光催化反应后的 STBBFS$_{300-5}$

Mn 在（a）吸附后的 STBBFS$_{300-5}$、（b）光催化反应后的 STBBFS$_{300-5}$ 表面上的 XPS 光谱。如图所示，结合能为 642.8eV 的 Mn 的 2p3 峰对应于 Mn$^{2+}$[174]，而结合能为 646.8eV 的峰则对应于 Mn$^{7+}$[174,175]。由图可见，添加乙酸后，暗态吸附后催化剂表面的 Mn 离子的价态有部分是 +7 价，高于 Cr$^{6+}$ 单一体系中暗态吸附后 Mn 离子的价态（+3 价，+4 价），这说明乙酸促进了低价 Mn 离子与 Cr$^{6+}$ 之间的氧化还原反应；而光催化反应后，Cr$^{6+}$-AA 复合体系中催化剂表面 Mn 离子的价态则全部为 +7 价。Cr$^{6+}$-AA 复合体系中，吸附后的 STBBFS$_{300-5}$、光催化反应后 STBBFS$_{300-5}$ 表面上 Fe 离子的 XPS 光谱（文中未列出），与 Cr$^{6+}$ 单一体系中相差不大，催化剂表面也是既含有 Fe$^{2+}$，也含有 Fe$^{3+}$。

图 5.10 显示的是光催化反应后，STBBFS$_{300-5}$ 表面 Cr 离子的 XPS 光谱。如图所示，结合能为 575.7eV、578.2eV 的 Cr 的 2p3/2 峰对应于 Cr$^{3+}$[177,178]，而结合能为 580.4eV Cr 的 2p3/2 峰对应于 Cr$^{6+}$[191]。根据光催化反应后催化剂表面的 XPS 全分析，Cr 的总含量为 0.08%。因此，反应结束时，只有少量的铬物种以 Cr$^{6+}$ 形式存在于催化剂表面（<0.1%），且生成的 Cr$^{3+}$ 物种在 pH = 1.5 时不易于吸附在催化剂表面。

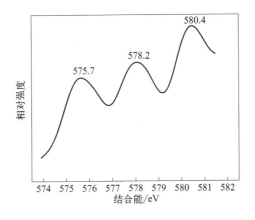

图 5.10　STBBFS$_{300-5}$ 表面 Cr 离子的 XPS 光谱

以 $STBBFS_{300-5}$ 作为光催化剂,以 $Cr^{6+}$ 溶液的还原率为评价指标,研究了复合体系中 $AA/Cr^{6+}$ 体积比、$Cr^{6+}$ 初始浓度、溶液的初始 pH 值、溶液的最终 pH 值、协同效应因子(SEF)等方面对 $STBBFS_{300-5}$ 光催化处理 $Cr^{6+}$-AA 复合体系的影响;利用正交实验分析 $Cr^{6+}$-AA 复合体系中各因素对 $Cr^{6+}$ 光催化效率的影响程度;探讨了 $STBBFS_{300-5}$ 光催化处理 $Cr^{6+}$-AA 复合体系的机理,并进行了表观动力学分析。

① 增大 $AA/Cr^{6+}$ 体积比 $R$,$Cr^{6+}$ 的还原效率先是明显增大;当 $R$ 达到 0.2%后,$Cr^{6+}$ 的还原效率逐渐降低。然而,在 $Cr^{6+}$-AA 复合体系中,$Cr^{6+}$ 的还原效率始终高于 $Cr^{6+}$ 单一体系($R=0$)。

② $Cr^{6+}$-AA 复合体系中,溶液的初始浓度对 $Cr^{6+}$ 光催化还原效率仍有较大影响,但是与 $Cr^{6+}$ 单一体系相比,溶液的初始浓度对 $Cr^{6+}$ 的光催化还原效率影响程度有所降低,且随着溶液初始浓度的增大,这种影响越小。

③ $Cr^{6+}$-AA 复合体系中,反应体系的初始 pH 值对 $Cr^{6+}$ 的还原效率和平衡吸附效率仍有较大影响;随着溶液初始 pH 值增大(pH=1.5~3.5),$Cr^{6+}$ 的还原率和吸附率都明显降低。

④ 根据正交实验结果,不同因素对 $Cr^{6+}$-AA 复合体系中 $Cr^{6+}$ 光催化还原效率的影响程度按:pH 值>初始浓度>$AA/Cr^{6+}$ 体积比>催化剂投加量。其最佳水平组合为:pH=1.5(硫酸调节),$Cr^{6+}$ 初始浓度=10mg/L,$AA/Cr^{6+}$ 体积比=0.2%,催化剂投加量=0.5g。

⑤ $Cr^{6+}$ 在 $Cr^{6+}$-AA 复合体系中的光催化还原遵循 L-H 动力学规律,通过拟合得,$k=0.2467mg/(L \cdot min)$,$K=0.0108L/mg$。与 $Cr^{6+}$ 单一体系一样,$Cr^{6+}$ 吸附至催化剂表面是 $Cr^{6+}$ 光催化还原反应的速率决定步骤。

⑥ 通过对 $Cr^{6+}$-AA,$Cr^{6+}$-AA* 复合体系以及 $Cr^{6+}$ 单一体系光催化反应的研究,发现 $Cr^{6+}$-AA 复合体系中 $Cr^{6+}$ 的还原率始终高于 $Cr^{6+}$-AA* 复合体系以及 $Cr^{6+}$ 单一体系,SEF 始终大于 0,证明 $Cr^{6+}$-AA 复合体系中存在着较强的协同效应,利于 $Cr^{6+}$ 的去除。

⑦ 在 $Cr^{6+}$-AA 复合体系中,添加乙酸后 $Cr^{6+}$ 的还原效率增加的原因主要有三个:①乙酸与 $Fe^{3+}$ 形成配合物后,在光的激发下,会产生具有很

强还原性质的自由基和 $Fe^{2+}$，从而将 $Cr^{6+}$ 还原成低价态的 $Cr^{5+}$，其自身又被氧化成 $Fe^{3+}$，$Fe^{3+}$ 再同有机酸形成配合物，如此形成循环反应，最终将 $Cr^{6+}$ 还原为 $Cr^{3+}$；②此外，乙酸存在时，能有效抑制催化剂表面的电子-空穴对复合，促进光生电子转移到 $Cr^{6+}$，将之还原；③$Cr^{6+}$ 的光催化还原与乙酸之间存在着明显的协同效应（SEF>0）。因为实际废水中经常既含有有机物种又含有重金属，如果能选择合适的有机污染物作为空穴清除剂，进一步提高 $STBBFS_{300-5}$ 处理 $Cr^{6+}$ 废水的效率，那么对于应用 ST-$BBFS_{300-5}$ 光催化处理实际废水有着深远的意义。

# 第 6 章

# 光催化处理Cr$^{6+}$-柠檬酸复合体系研究

## 6.1  概述

柠檬酸（citric acid，CA）是一种重要的有机酸，化学名称为 2-羟基丙三羧酸，广泛存在于植物界，如：柠檬、覆盆子、葡萄汁中，因最初从柠檬的汁中提取出，故取名为柠檬酸。柠檬酸外观为无色透明斜方晶体颗粒或白色结晶性粉末，无臭，有很强的酸味。柠檬酸有 3 个 $H^+$ 可以电离；加热可以分解成多种产物，与酸、碱、甘油等能发生反应。柠檬酸是有机酸中第一大酸，同乙酸一样，在有机化工中处于重要的地位，由于其物理性能、化学性能、衍生物等方面的性能，主要用于食品工业，如酸味剂、增溶剂、缓冲剂、抗氧化剂、脱臭剂、胶凝剂、调色剂、螯合剂等，而在医药、化妆品工业、饲料、化工、电子、纺织、石油、皮革、建筑、摄影、塑料、铸造和陶瓷等工业领域都有广泛的应用[101,199]。

## 6.2  Cr⁶⁺-CA 复合体系中影响因素及光催化机理

### 6.2.1  CA/Cr⁶⁺ 摩尔比对 Cr⁶⁺ 光催化还原效率的影响

无催化剂，$Cr^{6+}$ 初始浓度＝20mg/L（0.4mmol/L），CA 初始浓度＝1.5mmol/L，pH＝1.5，避光循环搅拌 12h，$Cr^{6+}$ 浓度降低 19.2％左右，说明 CA 与 $Cr^{6+}$ 在溶液中存在着较弱的氧化还原作用；无催化剂，$Cr^{6+}$ 初始浓度＝20mg/L（0.4mmol/L），CA 初始浓度＝1.5mmol/L，pH＝1.5，紫外-可见光辐照 2h 时，$Cr^{6+}$ 浓度降低 16％左右，说明紫外-可见光对 CA 与 $Cr^{6+}$ 之间的氧化还原反应有一定促进作用。

图 6.1 显示的是 CA/Cr$^{6+}$ 的摩尔比 $R$ 与 Cr$^{6+}$ 光催化还原效率的关系。在相同反应条件下（pH＝1.5；Cr$^{6+}$ 初始浓度＝20mg/L；STBBFS$_{300-5}$ 投加量＝0.5g；循环流量＝25mL/min；$t$＝60min），随着 Cr$^{6+}$-CA 复合体系中 $R$ 增加，Cr$^{6+}$ 的还原效率先是明显增大；当 $R$ 达到 3.75 后，Cr$^{6+}$ 的还原效率逐渐降低，但复合体系中 Cr$^{6+}$ 的还原效率也始终高于 Cr$^{6+}$ 单一体系（$R$＝0）。较高 $R$ 值的抑制效应，可能是由光催化还原过程中，某些副反应造成的，例如，Cr$^{5+}$-CA 络合物与 Cr$^{6+}$ 之间竞争催化剂表面的光生电子或 Cr$^{5+}$-CA 络合物与 CA 竞争催化剂表面的光生空穴造成的[101,197]。此外，多种混合物存在于光催化体系中，通过竞争催化剂表面活性吸附中心而促进表面活性物种进行重组，且这种"改性"效果随着有机物浓度的变化而变化，因而对体系的光催化效果产生影响[187]。

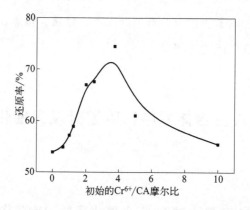

图 6.1 Cr$^{6+}$/CA 摩尔比与 Cr$^{6+}$ 光催化还原效率的关系

## 6.2.2 Cr$^{6+}$ 初始浓度对 Cr$^{6+}$-CA 复合体系中 Cr$^{6+}$ 光催化还原效率的影响

图 6.2 是 Cr$^{6+}$ 初始浓度对 Cr$^{6+}$-CA 复合体系中 Cr$^{6+}$ 光催化还原率的

影响。由图可见，在相同反应条件下（$pH=2.5$；$STBBFS_{300-5}$ 投加量 $=0.5g$；循环流量 $=25mL/min$；$t=90min$），随着 $Cr^{6+}$-CA 复合体系中 $Cr^{6+}$ 初始浓度由 20mg/L 增加到 50mg/L，$Cr^{6+}$ 的还原率由 100% 降到 83.06%。由此可看出，反应体系添加柠檬酸后，$Cr^{6+}$ 初始浓度对 $Cr^{6+}$ 的光催化还原效率影响程度降低；溶液的初始浓度由 20mg/L 升高到 50mg/L 时，在 $Cr^{6+}$-CA 复合体系中，$Cr^{6+}$ 的光催化还原效率仅降低了 16.94%；而 $Cr^{6+}$-AA 复合体系（图 5.2）中则降低了 59.29%；$Cr^{6+}$ 单一体系（图 4.8）中则降低了 86.21%。

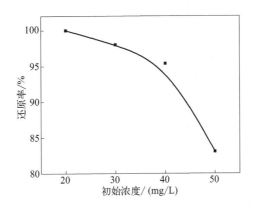

图 6.2　$Cr^{6+}$ 初始浓度对 $Cr^{6+}$ 光催化还原率的影响

图 6.3 是暗态吸附下，$Cr^{6+}$ 初始浓度与不同体系下平衡吸附效率的关系。由图可见，在相同初始浓度下，$Cr^{6+}$-CA 复合体系的平衡吸附效率明显低于其他两个体系（除了初始浓度为 20mg/L 时）。因此，根据以上分析，发现添加柠檬酸后，降低了暗态吸附对 $Cr^{6+}$ 光催化还原效率的影响，并不是平衡吸附效率越高，其还原率就越高。除了 5.3 中的原因外，研究已经证明[199]：当反应体系中存在 CA、$Fe^{3+}$ 时，$Fe^{3+}$ 与 CA 形成配合物，在光的激发下，产生 $Fe^{2+}$ 和还原性自由基；与 $Cr^{6+}$ 发生氧化还原反应。李琛[200]认为，当反应体系存在 $Mn^{2+}$ 和有机酸（柠檬酸、草酸、酒石酸）时，会促进有机酸还原 $Cr^{6+}$；并认为 $Cr^{6+}$-CA-$Mn^{2+}$ 配合物的形成是诱导氧化还原

反应发生的先决条件。此外，孙俊[191] 通过实验得出，只含单个羧基的有机酸，如正丁酸和乙酸，不易与 $Mn^{2+}$ 形成螯合物（与柠檬酸相比）。这也说明了 $Cr^{6+}$-CA 复合体系中 $Cr^{6+}$ 的还原效率高于 $Cr^{6+}$-AA 复合体系的原因。

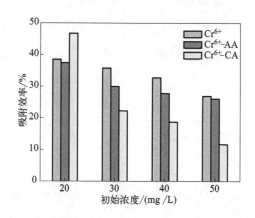

图 6.3 $Cr^{6+}$ 初始浓度与不同体系下平衡吸附效率的关系

## 6.2.3 pH 值对 $Cr^{6+}$-CA 复合体系中 $Cr^{6+}$ 光催化还原效率的影响

图 6.4 是 $Cr^{6+}$-CA 复合体系中不同初始 pH 值下，（a）$Cr^{6+}$ 的光催化还原效率和（b）平衡吸附效率。由图可见，在相同反应条件下（$Cr^{6+}$ 初始浓度 = 20mg/L；$R$ = 3.75；STBBFS$_{300-5}$ 投加量 = 0.5g；循环流量 = 25mL/min；$t$ = 90min），改变体系的初始 pH 值，对 $Cr^{6+}$ 平衡吸附效率有显著影响；酸性条件下，对 $Cr^{6+}$ 还原效率的影响不大。对于相同初始浓度的 $Cr^{6+}$ 溶液，不同体系处理效果如下：pH = 1.5 时，反应 240min 后 $Cr^{6+}$ 还原效率达到 100%（$Cr^{6+}$ 单一体系）；pH = 1.5 时，反应 110min 后 $Cr^{6+}$ 还原效率达到 100%（$Cr^{6+}$-AA 复合体系）；pH = 2.5 时，反应 50min 后 $Cr^{6+}$ 还原效率达到 100%（$Cr^{6+}$-CA 复合体系）。此外，添加柠檬酸后，

增大了 Cr$^{6+}$ 的平衡吸附效率（与 Cr$^{6+}$ 单一体系及 Cr$^{6+}$-AA 复合体系相比）；同时降低了吸附对 Cr$^{6+}$ 还原效率的影响。

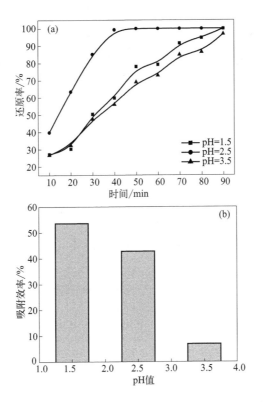

图 6.4　Cr$^{6+}$-CA 复合体系中不同初始 pH 值下 Cr$^{6+}$

的光催化还原效率（a）和平衡吸附效率（b）

由图可见，虽然 Cr$^{6+}$-CA 复合体系在 pH＝1.5 时，Cr$^{6+}$ 的平衡吸附效率最高，但 Cr$^{6+}$ 的光催化还原效率却低于 pH＝2.5（与 pH＝3.5 的光催化还原效率相差不大）。这是因为加入 CA 后，将近 15％的 Cr$^{6+}$ 在光催化过程中转变为 Cr$^{5+}$-CA 络合物[101]，降低了 Cr$^{6+}$ 对 H$^+$ 含量的需求；而 pH≤1.5 时，溶液中的 H$^+$ 含量比较大，使得 H$^+$ 含量有些"过剩"，H$^+$ 同催化剂的接触机会也大大增加，在光催化过程中，部分 H$^+$ 会被竞争吸附到催化剂表面，减少了催化剂为 Cr$^{6+}$ 提供的有效吸附位，同时也消耗催化剂表面的光生电子，不利于 $Cr^{6+}$ 的还原，因而导致 $STBBFS_{300-5}$ 的光催化还原效率降低。图 6.5 是不同初始 pH 值下，柠檬酸存在形式[201]。由图可见，柠檬酸在 pH＝2.5 时主要以 $H_3CA$ 形式存在，而在 pH＝3.5 时则主要以 $H_2CA^-$ 形式存在，因而在 pH＝3.5 时会增加柠檬酸与 $Cr^{5+}$ 物种之间的静电阻力，减少了柠檬酸与 $Cr^{5+}$ 形成络合物的机会，导致 pH＝3.5 时 $Cr^{6+}$ 的平衡吸附率和光催化还原效率都降低。

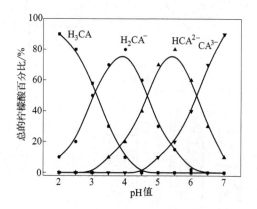

图 6.5　不同初始 pH 值下的柠檬酸存在形式[201]

图 6.6 显示的是 $Cr^{6+}$-CA 复合体系中最终 pH 值与初始 pH 值的关系。

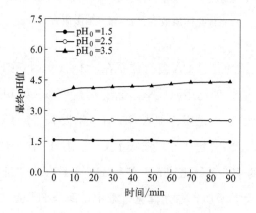

图 6.6　最终 pH 值与初始 pH 值的关系

由图可见，在 Cr$^{6+}$-CA 复合体系中，与 Cr$^{6+}$-AA 复合体系一样，最终 pH 值与初始 pH 值相比，几乎是没有变化的（特别是 pH=1.5 和 pH=2.5）。因此，加入柠檬酸后，同样也抑制了反应体系 pH 值的变化，因而易于 Cr$^{6+}$ 的光催化还原。

## 6.2.4　协同效应对 Cr$^{6+}$-CA 复合体系中 Cr$^{6+}$ 光催化还原效率的影响

Cr$^{6+}$-CA 复合体系中的协同效应因子 SEF 定义为：

$$SEF = RE_{P/Cr^{6+}/CA} - RE_{P/Cr^{6+}} - RE_{Cr^{6+}/CA^*} \qquad (6.1)$$

式中，P 是 STBBFS$_{300-5}$ 催化剂；RE$_{P/Cr^{6+}/CA}$、RE$_{P/Cr^{6+}}$、RE$_{Cr^{6+}/CA^*}$ 分别代表存在光催化剂情况下，Cr$^{6+}$-CA 复合体系和 Cr$^{6+}$ 单一体系以及不存在光催化剂情况下，Cr$^{6+}$-CA$^*$ 复合体系中 Cr$^{6+}$ 的光催化还原效率。

图 6.7（a）是 SEF 随时间变化的曲线，图 6.7（b）是不同复合体系下 Cr$^{6+}$ 还原效率随时间变化的曲线。由图 6.7（a）可见，在相同反应条件下（pH=1.5；Cr$^{6+}$ 初始浓度=20mg/L；R=3.75；STBBFS$_{300-5}$ 投加量=0.5g；循环流量=25mL/min；t=90min），Cr$^{6+}$-CA 复合体系中存在着协同效应。在 Cr$^{6+}$-CA 复合体系中，Cr$^{6+}$ 的还原效率始终保持着较快地增长，直到反应结束。在整个光催化实验过程中，Cr$^{6+}$-CA 复合体系中 Cr$^{6+}$ 的还原效率始终高于 Cr$^{6+}$-CA$^*$ 复合体系以及 Cr$^{6+}$ 单一体系，因而 SEF 始终大于 6。在反应 0～70min 之间，SEF 迅速增大；而当反应大于 70min 后，SEF 逐渐减小。

对比图 5.7（a）和图 6.7（a），在光催化还原 Cr$^{6+}$ 的整个过程中，Cr$^{6+}$-CA 复合体系的协同效应因子始终大于 Cr$^{6+}$-AA 复合体系的协同效应因子，因而 Cr$^{6+}$-CA 复合体系的光催化还原效率明显好于 Cr$^{6+}$-AA 复合体系。

由以上分析可知，Cr$^{6+}$-CA 复合体系中，Cr$^{6+}$ 还原效率增加的原因主

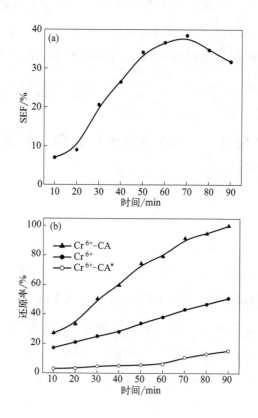

图 6.7　SEF 随时间变化曲线（a）及不同复合
体系下 $Cr^{6+}$ 还原效率随时间变化曲线（b）

要有四个：①CA 与 $Fe^{3+}$ 形成配合物后，在光的激发下，会产生具有很强
还原性质的自由基和 $Fe^{2+}$，从而将 $Cr^{6+}$ 还原成低价态的 $Cr^{5+}$，其自身又
被氧化成 $Fe^{3+}$，$Fe^{3+}$ 再同 CA 形成配合物，如此形成循环反应，最终将
$Cr^{6+}$ 还原为 $Cr^{3+}$；②当反应体系中存在 $Mn^{2+}$ 时，会形成 $Cr^{6+}$-CA-$Mn^{2+}$
配合物，使得 CA 更易电离释放出 $H^+$，从而促进 $Cr^{6+}$ 的还原效率。③此
外，存在 CA 时，能有效抑制催化剂表面的电子-空穴对复合，促进光生电
子转移到 $Cr^{6+}$，将之还原；④$Cr^{6+}$ 的光催化还原与 CA 之间存在着较强的
协同效应（SEF＞6）。

## 6.2.5　Cr⁶⁺-CA 复合体系中表观动力学分析

Cr⁶⁺-CA 复合体系中 $Cr^{6+}$ 的光催化还原过程遵循 L-H 动力学规律（$R=0.999$），通过拟合得，$k=0.3871\text{mg}/(\text{L}\cdot\text{min})$，$K=0.0432\text{L/mg}$。由此可看出，在 Cr⁶⁺-CA 复合体系中，$Cr^{6+}$ 光催化还原反应的速率决定步骤是：$Cr^{6+}$ 在催化剂表面的吸附。因此，加入柠檬酸后，虽然降低了吸附对 STBBFS₃₀₀₋₅ 光催化活性的影响，但是 $Cr^{6+}$ 吸附至催化剂表面仍然是整个反应过程的关键。

## 6.2.6　Cr⁶⁺-CA 复合体系中光催化机理探讨

Cr⁶⁺-CA 复合体系中主要反应如下（未存在柠檬酸时 $Cr^{6+}$ 的主要反应详见式 (4.2)～式 (4.7)）[101,197]：

$$CA + h\nu_b^+ \longrightarrow CA^{\cdot +} \tag{6.2}$$

$$Cr^{5+} + CA \longrightarrow Cr^{5+} - CA \tag{6.3}$$

图 6.8 是 pH$=1.5$ 时，Cr⁶⁺-CA 复合体系中反应液在 $t=10\text{min}$ 和

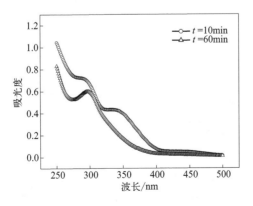

图 6.8　Cr⁶⁺-CA 复合体系中反应液在 $t=10\text{min}$ 和 60min

时的紫外-可见光吸收光谱

60min 时的紫外-可见光吸收光谱（250～500nm）。由图可见，在 350nm 处有一较强的吸收峰，对应于 $Cr^{5+}$-CA 络合物[202]；290nm 处有一较强的吸收峰，对应于 CA 降解的中间产物与 $Cr^{3+}$ 形成的络合物[100,202]；随着反应的进行，$t=60min$ 时，$Cr^{5+}$-CA 络合物对应的吸收峰消失，只剩下 290nm 处的吸收峰。此外，Meichtry[101] 等利用定量电子顺磁共振波谱（EPR）分析 $Cr^{6+}$-CA 复合体系后发现，将近 15% 的 $Cr^{6+}$ 在光催化过程中转变为 $Cr^{5+}$-CA 络合物，然后逐步转化为 $Cr^{3+}$ 物种。

当溶液中存在 $Fe^{3+}$、$Mn^{2+}$、CA、$Cr^{6+}$ 时，在溶液中所发生的氧化还原反应主要有两种[191,200,198]：①$Fe^{3+}$ 与 CA 生成了 $Fe^{3+}$-CA 配合物，这种配合物具有很强的光化学活性，受到光激发，吸收光子成为激发态，在激发态上具有较高的能量，会产生具有强还原性质的自由基和 $Fe^{2+}$，从而将 $Cr^{6+}$ 还原成低价态的 $Cr^{5+}$，其自身又被氧化成 $Fe^{3+}$，$Fe^{3+}$ 再同 CA 形成配合物，如此形成循环反应，最终导致整个体系中的 $Cr^{6+}$ 完全被还原；②当反应体系中存在 $Mn^{2+}$ 时，$Mn^{2+}$ 能够与具有—COOH 官能团的有机酸形成配合物，因此 $Mn^{2+}$ 先和 CA 结合生成 $Cr^{6+}$-CA-$Mn^{2+}$ 配合物，使得 CA 更易电离释放出 $H^+$，诱导氧化还原反应的发生，随后反应的中间产物进一步与 $Cr^{6+}$ 发生快速反应，最终导致整个反应分成两个阶段。

图 6.9 显示的是光催化反应后，$STBBFS_{300-5}$ 表面 Cr 离子的 X 射线光

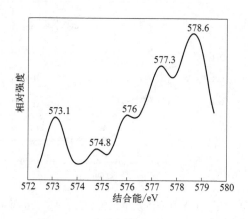

图 6.9  $STBBFS_{300-5}$ 表面 Cr 离子的 X 射线光电子能谱

电子能谱。由图可见，结合能为 576eV、577.3eV、578.6eV 的 Cr 的 2p3/2 峰对应于 $Cr^{3+[203-205]}$，而 573.1eV、574.8eV 则对应于 $Cr^{0[203,206]}$。反应后，光催化剂表面并没有 $Cr^{6+}$ 物种，而且还出现了零价铬，这进一步说明了存在 CA 时，能够促进 $Cr^{6+}$ 的氧化还原反应。与 5.3 节的结论一致。

## 6.2.7　对比不同复合体系对 Cr⁶⁺ 光催化还原效率的影响

对比图 5.3 和图 6.4 中可看出，添加不同有机物对 $Cr^{6+}$ 平衡吸附效率和还原效率产生的影响不同；添加有机物后，不同初始 pH 值下，$Cr^{6+}$ 的平衡吸附效率普遍增大，但是降低了吸附对 $Cr^{6+}$ 光催化还原效率的影响（即：平衡吸附效率降低，$Cr^{6+}$ 光催化还原效率不一定降低）；不同有机物对 $Cr^{6+}$ 还原效率的促进作用按着 AA＜CA 逐渐增强。

图 6.10 显示的是不同复合体系光催化反应后，催化剂表面的红外谱图。其中位于 $457cm^{-1} \sim 461cm^{-1}$ 以及 $881cm^{-1} \sim 1170cm^{-1}$ 处的峰对应于透辉石；$673cm^{-1}$ 处的峰对应于镁黄长石-钙黄长石；$588cm^{-1} \sim 592cm^{-1}$ 处的峰对应于钙钛矿。对比 $Cr^{6+}$-AA 复合体系与 $Cr^{6+}$-CA 复合体系的红外谱图，发现红外谱图中并没有出现新的特征峰，说明两种复合体系中并没有发生新的中间反应，而是不同有机物与 $Cr^{6+}$ 对催化剂表面活性吸附位置的竞争吸附能力有差异，导致 $Cr^{6+}$ 还原效率不同[207]。

因此，两种复合体系中 $Cr^{6+}$ 光催化还原效率不同的原因主要有三方面：①不同有机物与 $Cr^{6+}$ 对催化剂表面的活性吸附位置的竞争吸附能力有差异；②当溶液中存在 $Fe^{3+}$、$Mn^{2+}$、$Cr^{6+}$、CA 或 AA 时，$Fe^{3+}$ 和 $Mn^{2+}$ 更易与 CA 形成配合物，诱导氧化还原反应的发生，促进 $Cr^{6+}$ 的光催化还原[191,200]；③$Cr^{6+}$-CA 复合体系的协同效应因子始终大于 $Cr^{6+}$-AA 复合体系的协同效应因子，因而 $Cr^{6+}$-CA 复合体系的光催化还原效率明显好于 $Cr^{6+}$-AA 复合体系。

研究了 $Cr^{6+}$-CA 复合体系中 CA/$Cr^{6+}$ 摩尔比、$Cr^{6+}$ 初始浓度、溶液的

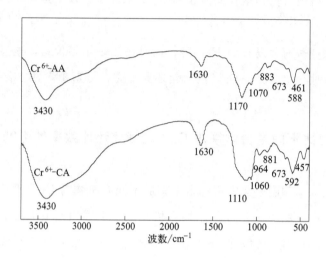

图 6.10　不同复合体系下的 STBBFS$_{300-5}$ 光催化反应后的红外光谱

初始 pH 值、溶液的最终 pH 值、协同效应因子（SEF）等方面对 ST-BBFS$_{300-5}$ 光催化处理 Cr$^{6+}$-CA 复合体系的影响；探讨了 STBBFS$_{300-5}$ 光催化处理 Cr$^{6+}$-CA 复合体系的机理，并与 Cr$^{6+}$-AA 复合体系进行了比较。此外，也进行了表观动力学分析。

① 增大 CA/Cr$^{6+}$ 摩尔比 $R$，Cr$^{6+}$ 的还原效率先是明显增大；当 $R$ 达到 3.75 后，Cr$^{6+}$ 的还原效率逐渐降低。然而，在 Cr$^{6+}$-CA 复合体系中，Cr$^{6+}$ 的还原效率始终高于 Cr$^{6+}$ 单一体系（$R=0$）。

② Cr$^{6+}$-CA 复合体系中，溶液的初始浓度对 Cr$^{6+}$ 光催化还原效率影响程度降低；溶液的初始浓度由 20mg/L 升高到 50mg/L 时，在 Cr$^{6+}$-CA 复合体系中，Cr$^{6+}$ 的光催化还原效率仅降低了 16.94%；而 Cr$^{6+}$-AA 复合体系中降低了 59.29%；Cr$^{6+}$ 单一体系中则降低了 86.21%。

③ Cr$^{6+}$-CA 复合体系中，改变体系的初始 pH 值，对 Cr$^{6+}$ 平衡吸附效率有显著影响；酸性条件下，对 Cr$^{6+}$ 还原效率的影响不大。

④ 对于相同初始浓度的 Cr$^{6+}$ 溶液，不同体系处理效果如下：pH=1.5 时，反应 240min 后 Cr$^{6+}$ 还原效率达到 100%（Cr$^{6+}$ 单一体系）；pH=1.5

时，反应 110min 后 $Cr^{6+}$ 还原效率达到 100％（$Cr^{6+}$-AA 复合体系）；pH＝2.5 时，反应 50min 后 $Cr^{6+}$ 还原效率达到 100％（$Cr^{6+}$-CA 复合体系）。

⑤ $Cr^{6+}$ 在 $Cr^{6+}$-CA 复合体系中的光催化还原也遵循 L-H 动力学规律，通过拟合得，$k＝0.3871mg/(L \cdot min)$，$K＝0.0432L/mg$。与 $Cr^{6+}$-AA 复合体系、$Cr^{6+}$ 单一体系一样，$Cr^{6+}$ 吸附至催化剂表面是 $Cr^{6+}$ 光催化还原反应的速率决定步骤。

⑥ 通过对 $Cr^{6+}$-CA，$Cr^{6+}$-CA* 复合体系以及 $Cr^{6+}$ 单一体系光催化反应的研究，发现 $Cr^{6+}$-CA 复合体系中 $Cr^{6+}$ 的还原效率始终高于 $Cr^{6+}$-CA* 复合体系以及 $Cr^{6+}$ 单一体系，SEF 始终大于 6，证明 $Cr^{6+}$-CA 复合体系中存在着较强的协同效应，利于 $Cr^{6+}$ 的去除；此外，在光催化还原 $Cr^{6+}$ 的整个过程中，$Cr^{6+}$-CA 复合体系的协同效应因子始终大于 $Cr^{6+}$-AA 复合体系的协同效应因子，因而 $Cr^{6+}$-CA 复合体系的光催化还原效率明显好于 $Cr^{6+}$-AA 复合体系。

⑦ $Cr^{6+}$-CA 复合体系中，$Cr^{6+}$ 还原效率增加的原因主要有四个：①CA 与 $Fe^{3+}$ 形成配合物后，在光的激发下，会产生具有很强还原性质的自由基和 $Fe^{2+}$，从而将 $Cr^{6+}$ 还原成低价态的 $Cr^{5+}$，其自身又被氧化成 $Fe^{3+}$，$Fe^{3+}$ 再同 CA 形成配合物，如此形成循环反应，最终将 $Cr^{6+}$ 还原为 $Cr^{3+}$；②当反应体系中存在 $Mn^{2+}$ 时，会形成 $Cr^{6+}$-CA-$Mn^{2+}$ 配合物，使得 CA 更易电离释放出 $H^+$，从而促进 $Cr^{6+}$ 的还原效率；③此外，存在 CA 时，能有效抑制催化剂表面的电子-空穴对复合，促进光生电子转移到 $Cr^{6+}$，将之还原；④$Cr^{6+}$ 的光催化还原与 CA 之间存在着较强的协同效应（SEF＞6）。

# 第 7 章

## 光催化处理$Cr^{6+}$-柠檬酸-硝酸铁 复合体系的研究

## 7.1　概述

　　前面讨论了有机物对 STBBFS$_{300-5}$ 光催化活性的影响，认为反应体系中存在有机物易于提高 Cr$^{6+}$ 的光催化还原效率。此外，大量的研究表明[207-212]：当溶液中存在一定浓度的 Fe$^{3+}$、CA、Cr$^{6+}$ 时，Fe$^{3+}$ 与 CA 生成了 Fe$^{3+}$-CA 配合物，配合物具有很强的光化学活性，受到光激发，会产生具有强还原性质的自由基和 Fe$^{2+}$，从而将 Cr$^{6+}$ 还原成低价态的 Cr$^{5+}$，其自身又被氧化成 Fe$^{3+}$，Fe$^{3+}$ 再同 CA 形成配合物，如此形成循环反应，最终导致整个体系中的 Cr$^{6+}$ 完全被还原为 Cr$^{3+}$。由于催化剂中本身含有的 Fe 离子含量不到 2%，而研究已经证明，在光的激发下，Fe$^{3+}$ 能够促进 CA 与光催化剂还原 Cr$^{6+[197]}$。因此，本章研究了硝酸铁（ferric nitrate，FN）对 STBBFS$_{300-5}$ 光催化处理 Cr$^{6+}$-CA-FN 复合体系的影响，研究了 Cr$^{6+}$-CA-FN 复合体系中 Fe$^{3+}$-Cr$^{6+}$/CA 的摩尔比、Cr$^{6+}$ 初始浓度、光催化反应时间、溶液的初始 pH 值、溶液的最终 pH 值、协同效应因子（SEF）等对 STBBFS$_{300-5}$ 光催化处理 Cr$^{6+}$-CA-FN 复合体系的影响；探讨了 STBBFS$_{300-5}$ 光催化处理 Cr$^{6+}$-CA-FN 复合体系的机理，并与 Cr$^{6+}$-CA 复合体系进行了比较。此外，也进行了表观动力学分析。

## 7.2　Cr$^{6+}$-CA-FN 复合体系中影响因素及光催化机理

### 7.2.1　Fe$^{3+}$ 与 Cr$^{6+}$/CA 摩尔比对 Cr$^{6+}$ 光催化还原效率的影响

　　图 7.1 显示的是 Fe$^{3+}$ 与 Cr$^{6+}$/CA 的摩尔比 $R$（固定 $R_{CA/Cr^{6+}}$ =3.75 不

变）与 $Cr^{6+}$ 光催化还原效率的关系。由图可见，在相同反应条件下（pH＝2.5；$Cr^{6+}$ 初始浓度＝20mg/L；STBBFS$_{300-5}$ 投加量＝0.5g；循环流量＝25mL/min；$t$＝10min），随着 $Cr^{6+}$-CA-FN 复合体系中 $R$ 增加，$Cr^{6+}$ 的还原效率先是明显增大；当 $R$ 达到 0.019 后，$Cr^{6+}$ 的还原效率逐渐降低。在 $Cr^{6+}$-CA-FN 复合体系中，$Cr^{6+}$ 的还原效率始终高于 $Cr^{6+}$-CA 复合体系（$R$＝0）。然而，较高 $R$ 值的抑制效应，可能是由光催化过程中，$Cr^{5+}$-CA 络合物或 $Fe^{3+}$-CA 络合物与 $Cr^{6+}$ 竞争光生电子造成的[102,212]。

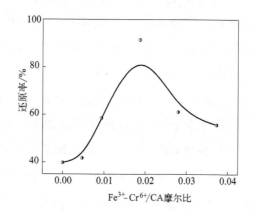

图 7.1 $Fe^{3+}$ 与 $Cr^{6+}$/CA 的摩尔比与 $Cr^{6+}$ 光催化还原效率的关系

## 7.2.2 $Cr^{6+}$ 初始浓度对 $Cr^{6+}$-CA-FN 复合体系中 $Cr^{6+}$ 光催化还原效率的影响

图 7.2 是 $Cr^{6+}$ 初始浓度对 $Cr^{6+}$-CA-FN 复合体系中 $Cr^{6+}$ 光催化还原效率的影响。由图可见，在相同反应条件下（pH＝2.5；STBBFS$_{300-5}$ 投加量＝0.5g；循环流量＝25mL/min；$t$＝16min），随着 $Cr^{6+}$-CA-FN 复合体系中 $Cr^{6+}$ 初始浓度由 20mg/L 增加到 50mg/L，$Cr^{6+}$ 的还原率由 100％降到 30.03％。由此可看出，$Cr^{6+}$-CA-FN 复合体系中，$Cr^{6+}$ 初始浓度对 $Cr^{6+}$ 的

光催化还原效率影响程度仍然很大；溶液的初始浓度由 20mg/L 升高到 50mg/L 时，Cr$^{6+}$-CA-FN 复合体系中，Cr$^{6+}$ 的光催化还原效率降低 69.97％（16min）；在 Cr$^{6+}$-CA 复合体系（图 6.2）中，Cr$^{6+}$ 的光催化还原效率仅降低 16.94％（90min）；而 Cr$^{6+}$-AA 复合体系（图 5.2）中降低 59.29％（120min）；Cr$^{6+}$ 单一体系（图 4.8）中则降低 86.21％（180min）。然而，添加 Fe$^{3+}$ 后，较高初始浓度的抑制效应增大，是由光催化反应时间过短，反应不完全造成的[197]。

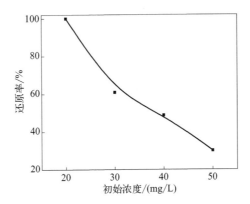

图 7.2　Cr$^{6+}$ 初始浓度对 Cr$^{6+}$ 光催化还原率的影响

## 7.2.3　pH 值对 Cr$^{6+}$-CA-FN 复合体系中 Cr$^{6+}$ 光催化还原效率的影响

图 7.3 是 Cr$^{6+}$-CA-FN 复合体系中不同初始 pH 值下 Cr$^{6+}$ 的光催化还原效率和平衡吸附效率。由图可见，在相同反应条件下（Cr$^{6+}$ 初始浓度＝20mg/L；$R$＝0.019；STBBFS$_{300-5}$ 投加量＝0.5g；循环流量＝25mL/min；$t$＝18min），改变体系的初始 pH 值，对 Cr$^{6+}$ 平衡吸附效率和还原效率都有显著影响。对于相同初始浓度的 Cr$^{6+}$ 溶液，不同体系处理效果如下：pH＝1.5 时，反应 240min 后 Cr$^{6+}$ 还原效率达到 100％（Cr$^{6+}$ 单一体系）；pH＝1.5 时，反应 110min 后 Cr$^{6+}$ 还原效率达到 100％（Cr$^{6+}$-AA 复合体系）；

pH＝2.5 时，反应 50min 后 $Cr^{6+}$ 还原效率达到 100％（$Cr^{6+}$-CA 复合体系）；pH＝2.5 时，反应 16min 后 $Cr^{6+}$ 还原效率达到 100％（$Cr^{6+}$-CA-FN 复合体系）。此外，添加 $Fe^{3+}$ 后，增大了 $Cr^{6+}$ 的平衡吸附效率 ｛与 $Cr^{6+}$ 单一体系［见图 4.2（b）］、$Cr^{6+}$-AA 复合体系［见图 5.3（b）］及 $Cr^{6+}$-AA 复合体系［见图 6.4（b）］相比｝；同时也降低了暗态吸附对 $Cr^{6+}$ 还原效率的影响。

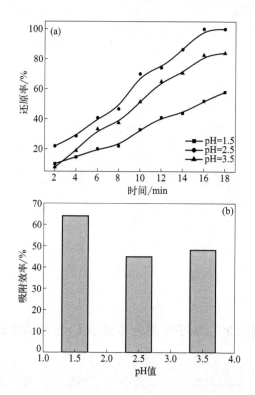

图 7.3  $Cr^{6+}$-CA-FN 复合体系中不同 pH 值下 $Cr^{6+}$
的光催化还原效率（a）和平衡吸附效率（b）

虽然 $Cr^{6+}$-CA-FN 复合体系在 pH＝1.5 时，$Cr^{6+}$ 的平衡吸附效率最高，但是 $Cr^{6+}$ 的光催化还原效率却比 pH＝2.5 和 pH＝3.5 时的低。这是因为加入 CA 后，将近 15％的 $Cr^{6+}$ 在光催化还原过程中转变为 $Cr^{5+}$-CA 络合物，降低了 $Cr^{6+}$ 对 $H^+$ 含量的需求；而加入 $Fe^{3+}$ 后，$pH=2.5$ 时，$Fe^{3+}$-CA 络合物成为溶液中的主要物种[214,215]，在光的激发下，部分 $Fe^{3+}$-CA 络合物发生光解生成 $Fe^{2+}$-CA 络合物[190,213]，从而 $Fe^{3+}$ 与 $Fe^{2+}$ 形成 $Fe^{3+}/Fe^{2+}$ 氧化还原对，电子经由 $Fe^{3+}/Fe^{2+}$ 氧化还原对转移到 $Cr^{6+}$ 上[197]，将 $Cr^{6+}$ 还原为 $Cr^{3+}$，因而也降低了 $Cr^{6+}$ 对 $H^+$ 含量的需求；而 $pH \leqslant 1.5$ 时，溶液中的 $H^+$ 含量比较大，使得 $H^+$ 含量有些"过剩"，$H^+$ 同催化剂的接触机会也大大增加，在光催化过程中，部分 $H^+$ 会被竞争吸附到催化剂表面，减少了催化剂为 $Cr^{6+}$ 所提供的有效吸附位，同时也消耗催化剂表面的光生电子，不利于 $Cr^{6+}$ 的还原，因而导致 $Cr^{6+}$-CA-FN 体系中，$STBBFS_{300-5}$ 的光催化活性降低。此外，由图 6.5 可知，CA 在 $pH=2.5$ 时主要以 $H_3CA$ 形式存在，而在 $pH=3.5$ 时则主要以 $H_2CA^-$ 形式存在，因而在 $pH=3.5$ 时会增加 $H_2CA^-$ 与 $Cr^{5+}$ 物种之间的静电阻力，减少了 $H_2CA^-$ 与 $Cr^{5+}$ 形成络合物的机会，因而会导致 $pH=3.5$ 时 $Cr^{6+}$ 还原效率低于 $pH=2.5$ 时 $Cr^{6+}$ 的还原效率。

图 7.4 显示的是 $Cr^{6+}$-CA-FN 复合体系中最终 pH 值与初始 pH 值的关系。由图可见，在 $Cr^{6+}$-CA-FN 复合体系中，与 $Cr^{6+}$-CA 复合体系、$Cr^{6+}$-AA 复合体系一样；最终 pH 值与初始 pH 值相比，几乎没有变化（特别是

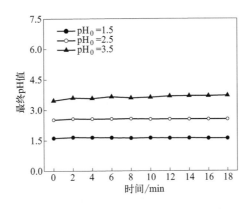

图 7.4　最终 pH 值与初始 pH 值的关系

pH=1.5 和 pH=2.5）。因此，加入 $Fe^{3+}$ 后，同样也抑制了反应体系 pH 值的变化，因而易于 $Cr^{6+}$ 的光催化还原。

## 7.2.4 协同效应对 $Cr^{6+}$-CA-FN 复合体系中 $Cr^{6+}$ 光催化还原效率的影响

$Cr^{6+}$-CA-FN 复合体系中的协同效应因子 SEF 定义为：

$$SEF = RE_{P/Cr^{6+}/CA/FN} - (RE_{P/Cr^{6+}/CA} + RE_{P/Cr^{6+}/FN} + RE_{P/Cr^{6+}}) \quad (7.1)$$

式中，P 是 $STBBFS_{300-5}$ 催化剂；$RE_{P/Cr^{6+}/CA/FN}$、$RE_{P/Cr^{6+}/CA}$、$RE_{P/Cr^{6+}/FN}$、$RE_{P/Cr^{6+}}$ 分别代表 $Cr^{6+}$-CA-FN、$Cr^{6+}$-CA 和 $Cr^{6+}$-FN 复合体系以及 $Cr^{6+}$ 单一体系中 $Cr^{6+}$ 的光催化还原效率。

图 7.5（a）是 SEF 随时间变化的曲线，图 7.5（b）是不同复合体系下 $Cr^{6+}$ 还原效率随时间变化的曲线。由图 7.5（a）可见，在相同反应条件下（pH=2.5；$Cr^{6+}$ 初始浓度＝20mg/L；CA/$Cr^{6+}$ 的摩尔比＝3.75；$Fe^{3+}$ 与 $Cr^{6+}$-CA 的摩尔比＝0.019；$STBBFS_{300-5}$ 投加量＝0.5g；循环流量＝25mL/min；$t$＝18min），在 $Cr^{6+}$-CA-FN 复合体系中，$Cr^{6+}$ 的还原效率始终保持着较快地增长，直到反应结束。在整个实验过程中，$Cr^{6+}$-CA-FN 复合体系中 $Cr^{6+}$ 的还原效率始终高于 $Cr^{6+}$-CA 和 $Cr^{6+}$-FN 复合体系以及 $Cr^{6+}$ 单一体系，因而 SEF 始终大于1。在反应 0～16min 之间，SEF 逐渐增大；而当反应大于 16min 后，SEF 逐渐减小。

当溶液中存在 $Fe^{3+}$、CA、$Cr^{6+}$、$STBBFS_{300-5}$ 时，在溶液中同时进行的反应过程可能有三种[213,214]：①$Fe^{3+}$-CA 络合物作为还原剂将 $Cr^{6+}$ 还原；②$Fe^{3+}$-CA 与催化剂表面络合作为反应的载体，然后 $Cr^{6+}$ 被中间产物 $Fe^{2+}$-CA 中的 $Fe^{2+}$ 还原；③CA 与催化剂表面络合作为还原剂，将 $Cr^{6+}$ 还原。此外，Tzou 等[196] 通过实验得出，前两种情况是导致 $Cr^{6+}$-CA-FN 复合体系中 $Cr^{6+}$ 还原效率高于 $Cr^{6+}$-CA 复合体系的主要原因。因此，与 $Cr^{6+}$-CA 复合体系相比，$Cr^{6+}$-CA-FN 复合体系中，$Cr^{6+}$ 还原效率增加的

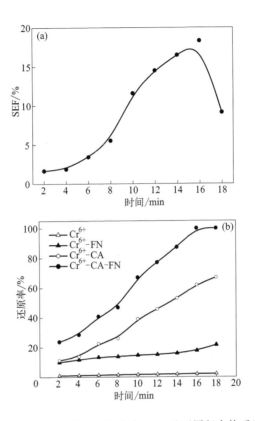

图 7.5 SEF 随时间变化曲线（a）及不同复合体系下
Cr$^{6+}$ 还原效率随时间变化曲线（b）

原因主要是：pH＝2.5 时，加入 Fe$^{3+}$ 后，溶液中 Fe$^{3+}$ 含量增大，易与 CA 形成 Fe$^{3+}$-CA 络合物，成为溶液中的主要物种之一。在光的激发下，Fe$^{3+}$-CA 络合物发生光解生成 Fe$^{2+}$-CA 络合物，形成了 Fe$^{3+}$/Fe$^{2+}$ 氧化还原对，电子经由 Fe$^{3+}$/Fe$^{2+}$ 氧化还原对转移到 Cr$^{6+}$ 上，将 Cr$^{6+}$ 还原为 Cr$^{3+}$。

## 7.2.5 Cr⁶⁺-CA-FN 复合体系中表观动力学分析

Cr$^{6+}$-CA-FN 复合体系中 Cr$^{6+}$ 的光催化还原过程遵循 L-H 动力学规律

（$R=0.998$），通过拟合得，$k=0.8657\text{mg}/(\text{L·min})$，$K=0.0823\text{L/mg}$。由此可见，在 $Cr^{6+}$-CA-FN 复合体系中，$Cr^{6+}$ 光催化还原反应的速率决定步骤是：$Cr^{6+}$ 在催化剂表面的吸附。因此，加入 $Fe^{3+}$ 后，虽然降低了吸附对反应的影响，但是 $Cr^{6+}$ 的吸附仍然是整个反应过程的关键。

## 7.2.6 $Cr^{6+}$-CA-FN 复合体系中光催化机理探讨

图 7.6 显示的是对比不同复合体系中 $Cr^{6+}$ 的还原效率。由图可见，在相同反应条件下（pH$=2.5$；$Cr^{6+}$ 初始浓度$=20\text{mg/L}$；STBBFS$_{300-5}$ 投加量$=0.5\text{g}$；循环流量$=25\text{mL/min}$；$t=18\text{min}$），在 $Cr^{6+}$ 单一体系中，反应非常缓慢，18min 后，仅有 $2.15\%$ 的 $Cr^{6+}$ 被还原；在 $Cr^{6+}$-CA 复合体系中，18min 后，$67.06\%$ 的 $Cr^{6+}$ 被还原；在 $Cr^{6+}$-CA-FN 复合体系中，反应 16min 时，$Cr^{6+}$ 的还原效率已达到 $100\%$。此外，大量的研究已经证明，存在电子供体（有机物）时，可以快速地清除催化剂表面的光生空穴，抑制电子-空穴对的再结合，因而提高了 $Cr^{6+}$ 的光催化还原效率。而在 $Cr^{6+}$-CA 复合体系中再添加 $Fe^{3+}$ 后，$Cr^{6+}$ 的还原效率呈快速增长，明显高于 $Cr^{6+}$-CA 复合体系。这是由于 CA 在 pH$=2.5\sim4.0$ 之间的主要物种是 $H_3CA$ 和

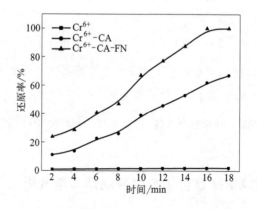

图 7.6 对比不同复合体系中 $Cr^{6+}$ 的还原效率

$H_2CA^-$；加入 $Fe^{3+}$ 后，$Fe^{3+}$-CA 络合物成为溶液中的主要物种，$Fe^{3+}$-CA 络合物的生成能够降低 CA 表面负电荷的数量，降低了 $Cr^{6+}$ 与 CA 之间的静电阻力，因而增加了 $Fe^{3+}$-CA 络合物与 $Cr^{6+}$ 的碰撞机会。在紫外-可见光的照射下，$Fe^{3+}$-CA 络合物发生光解，生成了瞬间存在的中间产物 $Fe^{3+}$-CA 络合物[196]，形成了 $Fe^{3+}/Fe^{2+}$ 氧化还原对，电子经由 $Fe^{3+}/Fe^{2+}$ 氧化还原对转移到 $Cr^{6+}$ 上，将 $Cr^{6+}$ 还原为 $Cr^{3+}$。因此，$Cr^{6+}$-CA-FN 复合体系中光催化还原 $Cr^{6+}$ 的主要反应如下 [未存在 CA、FN 时 $Cr^{6+}$ 的主要反应详见式 （4.2）~式 （4.7）][196,211,213]：

$$CA + h\nu_b^+ \longrightarrow CA^{\cdot+} \tag{7.2}$$

$$Cr^{5+} + CA \longrightarrow Cr^{5+} - CA \tag{7.3}$$

$$CA + Fe^{3+} \longrightarrow Fe^{3+} - CA \xrightarrow{h\nu} Fe^{2+} - CA^{\cdot} \tag{7.4}$$

$$Cr^{6+} + Fe^{2+} - CA^{\cdot} \longrightarrow Cr^{6+} - Fe^{2+} - CA^{\cdot} \longrightarrow Cr^{3+} + Fe^{3+} - CA^{\cdot}$$

$$\tag{7.5}$$

图 7.7 显示的是光催化反应后，$STBBFS_{300-5}$ 表面 Cr 离子的 X 射线光电子能谱。由图可见，结合能为 575.9eV、577.2eV、578.6eV 的 Cr 的 2p3/2 峰对应于 $Cr^{3+}$[191,215]，而 573.1eV、574.7eV 则对应于 $Cr^0$。反应后，光催化剂表面并没有 $Cr^{6+}$ 物种，而且还出现了零价铬，这进一步说明

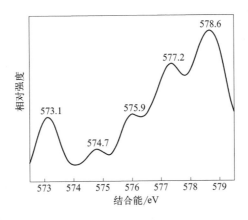

图 7.7　$STBBFS_{300-5}$ 表面 Cr 离子的 X 射线光电子能谱

了存在 $Fe^{3+}$ 和 CA 时，能够促进 $Cr^{6+}$ 的氧化还原反应。

研究了 $Cr^{6+}$-CA-FN 复合体系中 $Fe^{3+}$-($Cr^{6+}$-CA）的摩尔比、$Cr^{6+}$ 初始浓度、溶液的初始 pH 值、溶液的最终 pH 值、协同效应因子（SEF）等方面对 $STBBFS_{300-5}$ 光催化处理 $Cr^{6+}$-CA-FN 复合体系的影响；探讨了 $STBBFS_{300-5}$ 光催化处理 $Cr^{6+}$-CA-FN 复合体系的机理，并与 $Cr^{6+}$-CA 复合体系进行了比较。此外，进行了表观动力学分析。

① 增大 $Fe^{3+}$-($Cr^{6+}$-CA）摩尔比 $R$，$Cr^{6+}$ 的还原效率先是明显增大；当 $R$ 达到 0.019 后，$Cr^{6+}$ 的还原效率逐渐降低。然而，在 $Cr^{6+}$-CA-FN 复合体系中，$Cr^{6+}$ 的还原效率始终高于 $Cr^{6+}$-CA 复合体系（$R=0$）。

② $Cr^{6+}$-CA-FN 复合体系中，$Cr^{6+}$ 的初始浓度对 $Cr^{6+}$ 光催化还原效率影响程度高于 $Cr^{6+}$-CA 复合体系；添加 $Fe^{3+}$ 后，较高初始浓度的抑制效应增大是由光催化反应时间过短，反应不完全造成的。

③ $Cr^{6+}$-CA-FN 复合体系中，体系的初始 pH 值，对 $Cr^{6+}$ 平衡吸附效率和还原效率都有显著影响。

④ 对于相同初始浓度的 $Cr^{6+}$ 溶液，不同体系处理效果如下：pH＝1.5 时，反应 240min 后 $Cr^{6+}$ 还原效率达到 100%（$Cr^{6+}$ 单一体系）；pH＝1.5 时，反应 110min 后 $Cr^{6+}$ 还原效率达到 100%（$Cr^{6+}$-AA 复合体系）；pH＝2.5 时，反应 50min 后 $Cr^{6+}$ 还原效率达到 100%（$Cr^{6+}$-CA 复合体系）；pH＝2.5 时，反应 16min 后 $Cr^{6+}$ 还原效率达到 100%（$Cr^{6+}$-CA-FN 复合体系）。

⑤ $Cr^{6+}$ 在 $Cr^{6+}$-CA-FN 复合体系中的光催化还原也遵循 L-H 动力学规律，通过拟合得，$k=0.8657mg/(L \cdot min)$，$K=0.0823L/mg$。与 $Cr^{6+}$-CA 复合体系、$Cr^{6+}$-AA 复合体系、$Cr^{6+}$ 单一体系一样，$Cr^{6+}$ 吸附至催化剂表面仍然是 $Cr^{6+}$ 光催化还原反应的速率决定步骤。

⑥ 通过对 $Cr^{6+}$-CA-FN、$Cr^{6+}$-CA、$Cr^{6+}$-FN 复合体系以及 $Cr^{6+}$ 单一体系光催化反应的研究，$Cr^{6+}$-CA-FN 复合体系中 $Cr^{6+}$ 的还原效率始终高于 $Cr^{6+}$-CA 和 $Cr^{6+}$-FN 复合体系以及 $Cr^{6+}$ 单一体系，因而 SEF 始终大于 1，证明 $Cr^{6+}$-CA-FN 复合体系中存在着较强的协同效应，利于 $Cr^{6+}$ 的去除。

⑦ 与 $Cr^{6+}$-CA 复合体系相比，$Cr^{6+}$-CA-FN 复合体系中，$Cr^{6+}$ 还原效率增加的原因主要是：pH＝2.5 时，加入 $Fe^{3+}$ 后，溶液中 $Fe^{3+}$ 含量增大，易与 CA 形成 $Fe^{3+}$-CA 络合物，成为溶液中的主要物种之一。在光的激发下，$Fe^{3+}$-CA 络合物发生光解生成 $Fe^{2+}$-CA 络合物，形成了 $Fe^{3+}/Fe^{2+}$ 氧化还原对，电子经由 $Fe^{3+}/Fe^{2+}$ 氧化还原对转移到 $Cr^{6+}$ 上，将 $Cr^{6+}$ 还原为 $Cr^{3+}$。

# 参 考 文 献

[1] 桥本和仁，藤岛昭. 图解光催化技术大全 [M]. 邱建荣，朱从善，译. 北京：科学出版社，2007：295.

[2] 孙德智. 环境工程中的高级氧化技术 [M]. 北京：化学工业出版社，2002：211.

[3] 孙晓君，蔡伟民，井立强，等. 二氧化钛半导体光催化技术研究进展 [J]. 哈尔滨工业大学学报，2001，33（4）：534-541.

[4] Liu J H, Yang R, Li S M. Preparation and characterization of high photoactive $TiO_2$ catalyst using the UV irradiation-induced sol-gel method [J]. J Univ Sci Technol, 2006, 13（4）：350-354.

[5] 牛新书，曹志民. 钙钛矿型复合氧化物光催化研究进展 [J]. 化学研究与应用，2006，18：770-775.

[6] 孙希文，张建涛，杨志远，等. 高钛型建筑矿渣砖的研制 [J]. 新型建筑材料，2002，（2）：36-38.

[7] 金霞，李辽沙，董元篪. 国内外高炉渣资源化技术发展现状和展望 [J]. 中国资源综合利用，2005，9：4-7.

[8] 杨合，薛向欣，左良，等. 含钛高炉渣催化剂光催化降解亚甲基蓝 [J]. 过程工程学报，2004，4：265-268.

[9] 任允芙. 钢铁冶金岩相学 [M]. 北京：冶金工业出版社，1982，219.

[10] 王杰，赵碧建，张桂玉. 高钛渣系列建材产品的开发及应用 [J]. 新型建筑材料，2002，（2）：35-36.

[11] 杨合，赵苏. 高炉渣在建材领域的应用 [J]. 矿产保护与利用，2004，2（1）：47-51.

[12] 王明玉，刘晓华，隋智通. 冶金废渣的综合利用技术 [J]. 矿产综合利用，2003，6（3）：28-32.

[13] 叶平. 高炉矿渣微粉的生产和应用 [J]. 马钢技术，2003，4：43-46.

[14] 淑惠. 矿渣微晶玻璃产品的研究与开发 [J]. 玻璃与搪瓷，2002，2：51-56.

[15] 成海芳，文书明，殷志勇. 高炉渣综合利用的研究进展 [J]. 矿业快报，2006，9：21-23.

[16] 张则岗，王强，陈洁. 钢铁厂工业废弃物的综合利用 [J]. 新疆钢铁，2002，4：19-24.

[17] 嵇琳，任泰祥，赵鹰立，等. 用攀钢高炉残渣生产水泥 [J]. 中国建材科技，1997，6（6）：37-42.

[18] 李晨希. 含钛高炉渣综合利用研究的进展 [J]. 沈阳工业大学学报，2004，26（4）：1-4.

[19] 张朝辉，莫涛. 高炉渣综合利用技术的进展 [J]. 中国资源综合利用，2008，5：12-15.

[20] 董学文，薛向欣，杨合，等. 攀钢高炉渣作为光催化原料的可行性分析 [J]. 工业安全与环保，2004，30（4）：10-12.

[21] 杨合，薛向欣，左良，等. 含钛和稀土高炉渣光催化降解活性艳红 X-3B [J]. 硅酸盐学报，2003，31（9）：896-899.

[22] 杨合. 含钛高炉渣再资源化的一个启发性观点 [D]. 沈阳：东北大学，2005.

[23] 赵娜，杨合，薛向欣，等. 高钛渣作为光催化材料降解邻硝基酚的实验研究 [J]. 硅酸盐学报，2005，33（2）：202-205.

[24] 王昱征，薛向欣，雷雪飞. 硫掺杂含钛高炉渣光催化剂性能研究 [J]. 材料与冶金学报，2009，8（1）：73-76.

[25] 王朱良. 磁回收型 g-$C_3N_4$ 复合材料的制备与催化降解染料废水研究 [D]. 山西：山西师范大学，2018.

[26] Li Q Y, Cheng X D, Dong D Q, et al. Effect of $N_2$ flow rate on structural and infrared properties of multi-layer AlCrN/Cr/AlCrN coatings deposited by cathodic ion plating for low emissivity applications [J]. Thin solid films, 2019, 675：74-85.

[27] Sun R, Shi Q, Zhang M, et al. Enhanced photocatalytic oxidation of toluene with a coral-like direct Z-scheme $BiVO_4$/g-$C_3N_4$ photocatalyst [J]. Journal of Alloys and Compounds, 2017, 714：619-626.

[28] 李玲. 新型可见光响应纳米光催化剂的研制及其应用 [D]. 上海：东华大学，2011.

[29] 何源. 有机无机复合环境友好型可降解高吸水树脂的制备及性能研究 [D]. 武

汉：武汉工程大学，2017.

[30] Li R B，Li M X，Jiang C X，et al. Preparation of characterization of AlCrTaTiZrMo-nitride diffusion barrier layer [J]. Surface Technology，2019，48（6）：125-129.

[31] Han Q，Wang B，Gao J，et al. Atomically thin mesoporous nanomesh of graphitic $C_3N_4$ for high-efficiency photocatalytic hydrogen evolution [J]. ACS Nano，2016，10（2）：2745-2751.

[32] Wang M Y，Sun L，Lin Z Q，et al. P-N heterojunction photoelectrodes composed of $Cu_2$O-loaded $TiO_2$ nanotube arrays with enhanced photoelectrochemical and photo-electrocatalytic activities [J]. Energy & Environmental Science，2013，6：1211-1220.

[33] Burda C，Chen X B，Narayanan R，et al. Chemistry and properties of nanocrystals of different shapes [J]. Chemical Reviews，2005，105（4）：1025-1102.

[34] Tang D，Zhang G. Fabrication of $AgFeO_2$/g-$C_3N_4$ nanocatalyst with enhanced and stable photocatalytic performance [J]. Applied Surface Science，2017，391：415-422.

[35] Wang Y，Wang H，Chen F，et al. Facile synthesis of oxygen doped carbon nitride hollow microsphere for photocatalysis [J]. Applied Catalysis B：Environmental，2017，206：417-425.

[36] Kayano S，Yoshihiko K，Kazuhito H. Bactericidal and detoxification effects of $TiO_2$ thin film photocatalysis [J]. Environmental Science & Technology Letters，1998，32（5）：726-728.

[37] Fujishima A，Honda K. Electrochemical photocatalysis of water at a semiconductor electrode [J]. Nature，1972，238（5358）：37-38.

[38] 彭英才. 半导体量子点的电子结构 [J]. 固体电子学研究与进展，1997，17（2）：165-172.

[39] Bessekhouad Y，Robert D，Weber J V. Synthesis of photocatalytic $TiO_2$ nanoparti-cles：optimization of the preparation conditions [J]. J Photochem Photobiol，2003，157（1）：47-53.

[40] 高濂，郑珊，张青红. 纳米氧化钛光催化材料及应用 [M]. 北京：化学工业出版社，2002：276-282.

[41] Jing Z, Qian X, Zhao C F, et al. Importance of the relationship between surface phases and photocatalytic activity of $TiO_2$ [J]. Angew Chem Int Ed, 2008, 47: 1766-1769.

[42] 赵晖, 孙杰. $TiO_2$ 光催化剂载体及提高其光催化活性的研究进展 [J]. 江苏环境科技, 2006, 19 (4): 52-55.

[43] Hoffmann M R, Martin S T, Choi W Y, et al. Environmental applications of semiconductor photocatalysis [J]. Chem Rev, 1995, 95: 69-96.

[44] Zhang X W, Lei L C. Effect of preparation methods on the structure and catalytic performance of $TiO_2$/AC photocatalysis [J]. J Hazard Mater, 2008, 153 (1-2): 827-833.

[45] 金星龙, 朱琨, 房彦军, 等. 高分子金属卟啉光催化氧化处理废水 [J]. 催化学报, 2001, 22 (2): 189-192.

[46] Satuf M L, Brandi R J, Cassano A E, et al. Photocatalytic degradation of 4-chlorophenol: A kinetic study [J]. Appl Catal, B Environ, 2008, 82 (1-2): 37-49.

[47] He D P, Lin F R. Preparation and photocatalytic activity of anatase $TiO_2$ nanocrystallites with high thermal stability [J]. Mater Lett, 2007, 61 (16): 3385-3387.

[48] Fujishima A, Rao T N, Tryk D A. Titanium dioxide photocatalysis [J]. J Photochem Photobiol C Photochem Rev, 2000, 1: 1-21.

[49] Linserbigler A L, Lu G Q, Yates J T. Photocatalysis on $TiO_2$ surfaces: principles, mechanisms and selected results [J]. Chem Rev, 1995, 95 (3): 735-758.

[50] 尹莉松, 沈辉. 二氧化钛光催化应用进展及应用 [J]. 材料导报, 2000, 14 (12): 23-25.

[51] 刘少华, 范济民, 赵志换. 新型光催化剂在二氧化碳还原中的应用 [J]. 化学通报, 2006, 69: 1-7.

[52] Bessekhouad Y, Robert D, Weber J V. Synthesis of photocatalytic $TiO_2$ nanoparticles: optimization of the preparation conditions [J]. J Photochem Photobiol A Chem, 2003, 157: 47-53.

[53] Inagak M, Nakazawa Y, Hirano M, et al. Preparation of stable anatase-type $TiO_2$ and its photocatalytic performance [J]. Int J Inorg Mater, 2001, 3 (7): 809-811.

[54] Xu N P, Shi Z F, Fan Y Q, et al. Effects of particle size of $TiO_2$ on photocatalytic degradation of methylene blue in aqueous suspensions [J]. Ind Eng Chem Res,

1999，38：373-379.

[55] Ihara T, Miyoshi M, Iriyama Y, et al. Preparation of a visible-light-active $TiO_2$ photo-catalyst by RF plasma treatment [J]. J Mater Sci, 2001, 36：4201-4207.

[56] 余家国，熊建锋，程蓓. 高活性二氧化钛光催化剂的低温水热合成 [J]. 催化学报，2005，26（9）：745-749.

[57] Uchihara T, Matsumura M, Ono J, et al. Effect of ethylene diamine tetraacetic acid on the photocatalytic activities and flat-band potentials of cadmium sulfide and cadmium selenide [J]. J Phys Chem, 1990, 94 (1)：415-418.

[58] Moser J, Punchihewa S, Pierre P, et al. Surface complexation of colloidal semiconductors strongly enhances interfacial electron-transfer rates [J]. Langmuir, 1991, 7 (12)：3012-3018.

[59] Honga P, Bahnemann D W, Hoffmann M R. Cobalt (Ⅱ) tetra sulfophthalo-cyanine on titanium dioxide: a new efficient electron re-lay for the photocatalytic formation and depletion of hydrogen peroxide in aqueous suspensions [J]. J Phys Chem, 1987, 91 (8)：2109-2117.

[60] Ranjit K T, Willner I, Bossmann S B, et al. Iron (Ⅲ) phthalo-cyanine-modified titanium dioxide: a novel photocatalyst for the enhanced photodegradation of organic pollutants [J]. J Phys Chem B, 1998, 102 (47)：9397-9403.

[61] Choi W, Termin A, Hoffmann M R. The role of metal-ion dopants in quantum-sized $TiO_2$: correlation between photoreactivity and charge-carrier recombination dynamics [J]. J Phys Chem, 1994, 98 (51)：13669-13679.

[62] Paola A D, Marei G, Palmisano L, et al. Preparation of polycrystalline $TiO_2$ photocatalysts impregnated with various transition metal ions: characterization and photocatalytic activity for the degradation of 4-nitrophenol [J]. J Phys Chem B, 2002, 106 (3)：637-645.

[63] Gratel M, Howe R F. Electron paramagnetic resonance studies of doped $TiO_2$ colloids [J]. J Phys Chem, 1990, 94 (6)：2566-2572.

[64] Clovis A L, Carter G J, Locuson D B, et al. Photocatalytic inhibition of algae growth using $TiO_2$, $WO_3$ and cocatalyst modifications [J]. Environ Sci Technol, 2000, 34 (22)：4754-4758.

[65] Li X Z, Li F B. Study of $Au/Au^{3+}$-$TiO_2$ photocatalysts toward visible photooxidation for water and wastewater treatment [J]. Environ Sci Technol, 2001, 35 (11): 2381-2387.

[66] Yamakata A, Ishibashi T, Onishi H. Electron and hole capture reactions on Pt/$TiO_2$ photocatalysts exposed to methanol vapor studied with time-resolved infrared absorption spectroscopy [J]. J Phys Chem B, 2002, 106 (35): 9122-9125.

[67] Kisch H, Zang L, Lange C, et al. Modified amorphous titania-ahibrid semiconductor for detoxification and current generation by visible light [J]. Angew Chem Int Ed, 1998, 37: 3034-3036.

[68] Song K Y, Kwon Y T, Choi G J, et al. Photocatalytic activity of Cu/$TiO_2$ with oxidation state of surface-loaded copper [J]. Bull Korean Chem Soc, 1999, 20 (8): 957-960.

[69] Lin J, Yu J C. An investigation on photocatalytic activities of mixed $TiO_2$-rare earth oxides for the oxidation of acetone in air [J]. J Photochem Photobiol A Chem, 1998, 116: 63-67.

[70] Ranjitk T, Cohen H, Willner I, et al. Lanthanide oxide-doped titanium dioxide: effective photocatalysts for the degradation of organic pollutants [J]. J Mate Sci, 1999, 34: 5273-5280.

[71] 岳林海, 水淼, 徐铸德, 等. 稀土掺杂二氧化钛的相变和光催化活性 [J]. 浙江大学学报 (理学版), 2000, 27 (1): 69-74.

[72] Xu A W, Gao Y, Liu H Q. The preparation, characterization and their photocatalytic activites of rare-earth-doped $TiO_2$ nanoparticles [J]. J Catal, 2002, 207: 151-157.

[73] 周武艺, 唐绍裘, 张世英, 等. 制备不同掺杂稀土纳米 $TiO_2$ 光催化剂及其光催化活性比较研究 [J]. 硅酸盐学报, 2004, 32 (10): 1203-1208.

[74] Asahi R, Morikawa T, Ohwaki T, et al. Visible-light photocatalysis in nitrogen-doped titanium oxides [J]. Sci, 2001, 293: 269-271.

[75] Umebayashi T, Yamaki T, Itoh H. Band gap narrowing of titanium dioxide by sulfur doping [J]. Appl Phys Lett, 2002, 81 (3): 454-546.

[76] Jimmy C, Yu J G, Ho W K, et al. Effects of F-doping on the photocatalytic activity

and microstructures of nanocrystalline $TiO_2$ powders [J]. Chem Mater, 2002, 14: 3803-3816.

[77] Matthews R W. Photooxidation of organic impurities in water using thin films of titanium dioxide [J]. J Phys Chem, 1987, 91: 3328-3333.

[78] Vogel R, Hoyer P, Weller H. Quantum-sized PbS, CdS, $Ag_2S$, $Sb_2S_3$ and $Bi_2S_3$ particles as sensitizers for various nanoporous wide-bandgap semiconductors [J]. J Phys Chem, 1994, 98 (12): 3183-3188.

[79] Marci G, Augugliaro V, Lopez-munoz M J, et al. Preparation characterization and photocatalytic activity of polycrystalline $ZnO/TiO_2$ systems. 2 surface, bulk characterization and 4-nitrophenol photodegradation in liquid-solid regime [J]. J Phys Chem B, 2001, 105 (5): 1033-1040.

[80] Tada H, Hattori A, Tokihisa Y, et al. A patterned-$TiO_2$/$SnO_2$ bilayer type photocatalyst [J]. J Phys Chem B, 2000, 104: 4585-4587.

[81] Do Y R, Lee W, Dwight K, et al. The effect of $WO_3$ on the photocatalytic activity of $TiO_2$ [J]. J Solid State Chem, 1994, 108 (1): 198-201.

[82] Li X Z, Li F B, Yang C L, et al. Photocatalytic activity of $WO_x$-$TiO_2$ under visible light irradation [J]. J Photochem Photobiol A Chem, 2001, 141: 209-217.

[83] Solbrand A, Henningsson A, Soidergren S. Charge transport properties in dye-sensitized nanostructured $TiO_2$ thin film electrodes studied by photoinduced current transients [J]. J Phys Chem B, 1999, 103 (7): 1078-1083.

[84] Cho Y M, Choi W Y. Visible light-induced degradation of carbon tetrachloride on dye-sensitized $TiO_2$ [J]. Environ Sci Technol, 2001, 35 (5): 966-970.

[85] Bae E Y, Choi W Y. Highly enhanced photoreductive degradation of perchlorinated compounds on dye-sensitized metal/$TiO_2$ under visible light [J]. Environ Sci Technol, 2003, 37 (1): 147-152.

[86] Ranjitk T, Cohen H, Willener I, et al. Lanthanide oxide-doped titanium dioxide: effective photocatalysts for the degradation of organic pollutants [J]. J Mater Sci, 1999, 34: 5273-5280.

[87] 曹茂盛，关长斌，徐甲强，等. 纳米材料导论 [M]. 哈尔滨：哈尔滨工业大学出版社，2001：6-13.

[88] Kopf P，E Gilbert，Eberle S H. TiO$_2$ photocatalytic oxidation of monochloroacetic acid and pyridine：influence of ozone [J]. J Photochem Photobiol A Chem，2000，136：163-168.

[89] 李来胜，祝万鹏，张彭义，等. TiO$_2$ 薄膜光催化臭氧化邻苯二酚 [J]. 催化学报，2003，24（3）：163-168.

[90] 胡军，周集体，孙丽颖，等. 芳香化合物的光催化-臭氧联用降解研究 [J]. 环境科学与技术，2004，27：15-18.

[91] 李春雷，王新明，潘海祥，等. H$_2$O$_2$ 对载银 TiO$_2$ 光催化降解 Aroclor1260 的影响 [J]. 重庆环境科学，2002，24（5）：29-31.

[92] 罗亚田，汤红妍，余以雄. 超声波、电场和紫外光催化协同降解苯酚 [J]. 中国环境科学，2005，25（1）：69-72.

[93] Omole M A，KOwino I O，Sadik O A. Palladium nanoparticles for catalytic reduction of Cr$^{6+}$ using formic acid [J]. Appl Catal，B Environ，2007，76：158-167.

[94] Colón G，Hidalgo C，Navío J A. Photocatalytic Deactivation of Commercial TiO$_2$ Samples During Simultaneous Photoreduction of Cr$^{6+}$ and Photooxidation of Salicylic Acid [J]. J Photochem Photobiol A，2001，138：79-85.

[95] Testa J J，Grela M A，Litter M I. Heterogeneous Photocatalytic Reduction of Chromium（VI）over TiO$_2$ Particles in the presence of Oxalate：Involvement of Cr（V）Species [J]. Environ Sci Technol，2004，38：1589-1594.

[96] Fu H，Lu G，Li S. Adsorption and Photo-induced Reduction of Cr$^{6+}$ Ion in Cr$^{6+}$-4CP（4-Chlorophenol）Aqueous System in the presence of TiO$_2$ as Photocatalyst [J]. J Photochem Photobiol A，1998，114：81-88.

[97] Lee S M，Lee T W，Choi B J. Treatment of Cr$^{6+}$ and Phenol by Illuminated TiO$_2$ [J]. J Environ Sci Health A，2003，38：2219-2228.

[98] Schrank S G，Jose H J，Moreira R F P M. Simultaneous Photocatalytic Cr$^{6+}$ Reduction and Dye，Oxidation in a TiO$_2$ Slurry Reactor [J]. J Photochem Photobiol A，2002，147：71-76.

[99] Selli E，Giorgi A，Bidoglio G. Humic Acid-Sensitized Photoreduction of Cr$^{6+}$ on ZnO Particles [J]. Environ Sci Technol，1996，30：599-604.

[100] Yang J K，Lee S M. Removal of Cr$^{6+}$ and Humic Acid by Using TiO$_2$ Photocataly-

sis [J]. Chemosphere, 2006, 63: 1677-1684.

[101] Meichtry J M, Brusa M, Mailhot G. Heterogeneous Photocatalysis of $Cr^{6+}$ in the presence of Citric Acid over $TiO_2$ Particles: Relevance of Cr (V)-Citrate Complexes [J]. Appl Catal, B: Environ, 2007, 71: 101-107.

[102] 杨莉, 吴少林, 吴光辉. 有机废水对光催化还原 $Cr^{6+}$ 的影响 [J]. 南昌航空工业学院学报, 2005, 20 (4): 55-58.

[103] Cheng S C, Chuan C T. Electrochemically promoted photocatalytic oxidation of nitrite ion by using rutile form of $TiO_2$/Ti electrode [J]. J Mol Catal A: Chem, 2000, 151: 133-145.

[104] 李宣东, 刘惠玲, 姜艳丽, 等. $TiO_2$/Ti 薄膜电极制备和光电催化降解罗丹明 B 的研究 [J]. 环境保护科学, 2003, 29 (2): 9-13.

[105] 张乐观. 组合光催化技术在水处理中的应用 [J]. 化工进展, 2006, 25 (9): 1036-1039.

[106] 冷文华, 张昭, 成少安, 等. 光电催化降解苯胺的研究——外加电压的影响 [J]. 环境科学学报, 2001, 21 (6): 710-715.

[107] 安太成, 张文兵, 朱锡海, 等. 一种新型光电催化反应器的研制及甲酸的光电催化深度氧化 [J]. 催化学报, 2003, 24 (5): 338-342.

[108] 任树林. 超声 $TiO_2$ 光催化协同降解对氨基偶氮苯废水 [J]. 西北大学学报, 2004, 34 (4): 425-428.

[109] 何兵, 范益群, 徐南平. 超声-光催化氧化联合法降解甲基橙的研究 [J]. 合肥工业大学学报, 2003, 26 (4): 585-587.

[110] 王桂华, 尹平河, 赵玲, 等. 超声波辅助 $TiO_2$ 光催化降解印染废水的研究 [J]. 工业水处理, 2004, 24 (4): 42-45.

[111] 付荣英, 陈亮, 胡牡丹, 等. 超声波-光催化氧化降解邻氯苯酚的研究 [J]. 环境污染与防治, 2004, 26 (2): 116-118.

[112] 顾浩飞, 安太成, 文晟, 等. 超声光催化降解苯胺及其衍生物研究 [J]. 环境科学学报, 2003, 23 (5): 593-597.

[113] 周彤, 吴纯德, 王晓蕾, 等. 超声协同纳米 $TiO_2$ 光催化降解水中苯酚机理的研究 [J]. 分析科学学报, 2005, 21 (3): 259-261.

[114] Kado Y, M Atobe, Nonaka T. Ultrasonic effects on electroorganic processes-

Part20. Photocatalytic oxidation of aliphatic alcohols in aqueous suspension of $TiO_2$ powder [J]. Ultrsonics Sonochem，2001，8：69-74.

[115] Davydo L，Reddy E P，P France，et al. Sonophotocatalytic destruction of organic contaminants in aqueous systems on $TiO_2$ powders [J]. Appl Catal，B Environ，2001，32：95-105.

[116] 安太成，顾浩飞，陈卫国，等. 超声协同纳米 $TiO_2$ 光催化降解活性染料的初步研究 [J]. 中山大学学报，2001，40（5）：131-132.

[117] Horikoshi S，Hidaka H，Serpone N. Environmental remediation by an integrated-microwave/UV-illumination method Ⅱ. Characteristics of a novel UV-VIS-microwave integrated irradiation device in photodegradation processes [J]. J Photochem Photobiol A，Chem，2002，153：185-189.

[118] 艾智慧，姜军清，杨鹏，等. 微波辅助光催化降解 4-氯酚的研究 [J]. 工业水处理，2004，24（11）：41-44.

[119] 杨鹏，艾智慧，姜军清，等. 微波辅助光催化脱色的研究 [J]. 环境科学与技术，2004，27：1-3.

[120] 王怡中，陈梅雪，胡春，等. 光催化氧化与生物氧化组合技术对染料化合物降解研究 [J]. 环境科学学报，2000，20（6）：772-775.

[121] 李涛，谭欣，任俊革. 光催化氧化-生物法处理有机磷农药废水 [J]. 河南科技大学学报，2005，26（1）：75-78.

[122] 柳丽芬，杨凤林，张兴文. 磁化与光催化协同作用氧化含酚水溶液 [C]//2002 年全国光催化学术会议论文集. 北京，2002.

[123] 胡波，黄励，张高科. 磁化预处理作用下光催化降解水中有机染料 [J]. 广西师范学院学报，2005，22（2）：43-46.

[124] 杜朝平，杨幼名. 磁场助 $Y_2O_3/TiO_2$ 粉体的光催化性能研究 [J]. 工业催化，2005，13（2）：47-50.

[125] 刘旦初. 多相催化原理 [M]. 上海：复旦大学出版社，1997：216-225.

[126] 傅希贤，桑丽霞，王俊珍，等. 钙钛矿型（$ABO_3$）化合物的光催化活性及其影响因素 [J]. 天津大学学报，2001，34（2）：229-231.

[127] 白树林，傅希贤，桑丽霞，等. 钙钛矿（$ABO_3$）型复合氧化物的光催化活性变化趋势与分析 [J]. 高等学校化学学报，2001，22（4）：663-665.

[128] 常振勇，崔连起. 钙钛矿金属氧化物催化剂的研究与应用综述 [J]. 精细石油化工，2002，(3)：50-53.

[129] Kim S J, Demazeau G, Presniakov I, et al. Structural distortion and chemical bonding in TlFeO$_3$：comparison with AFeO$_3$ （A＝Rare Earth）[J]. J Solid State Chem, 2001, 161：197-204.

[130] 牛新书，李红花，张峰，等. GdFeO$_3$ 纳米晶的制备及其光催化活性 [J]. 中国稀土学报，2005，23 (1)：81-84.

[131] Niu X S, Li H H, Liu G G. Preparation characterization and photocatalytic properties of REFeO$_3$ （RE＝Sm, Eu, Gd）[J]. J Mol Catal A：Chem, 2005, 232 (1-2)：89-93.

[132] Eng H W, Barnes P W, Auer B J, et al. Investigations of the electronic structure of d$^0$ transition metal oxides belonging to the pervoskite family [J]. J Solid State Chem, 2003, 175：94-109.

[133] 桑丽霞，傅希贤，白树林，等. ABO3 钙钛矿型复合氧化物光催化活性与 B 离子 $\alpha$ 电子结构的关系 [J]. 感光科学与光化学，2001，19 (2)：109-115.

[134] Goodenough J B. Progress in Solid State Chemistry [M]. Oxford：Pergamon Press, 1991：145-151.

[135] Yamazoe N, Teraora Y. Oxidation catalysis of perovskites-relationships to bulk structure and composition [J]. Catal Today, 1990, 8：175-199.

[136] Rao C N R. Transition metal oxides [J]. Annu Rev Phys Chem, 1989, 40：291-326.

[137] 桑丽霞，钟顺和，傅希贤. LaBO$_3$ （B＝Fe, Co） 中氧的迁移与光催化反应活性 [J]. 高等学校化学学报，2003，24 (2)：320-323.

[138] Gerischer H, Heller A. The role of oxygen in photooxidation of organic molecules on semiconductor particles [J]. J Phys Chem, 1991, 95：5261-5267.

[139] Cherry M, IslamM S, Catlow C R A J. Oxygen ion migration in perovskite-type oxides [J]. J Solid State Chem, 1995, 118：125-132.

[140] 范崇政，肖建平. 纳米 TiO$_2$ 的制备与光催化反应研究进展 [J]. 科学通报，2001，46 (4)：265-273.

[141] 宋崇林，王军，沈美庆，等. 干燥条件对纳米晶体 La$_2$CoO$_3$ 的结构与合成机理的影响 [J]. 应用化学，1998，15 (5)：65-67.

[142] 夏熙，潘存信. 固体反应法制备纳米 $LaCo_yMn_{(1-y)}O_3$ 系复合氧化物及其表征 [J]. 应用化学学报，2001，18（2）：96-99.

[143] 王海，朱永法，谭瑞琴，等. 非晶态配合物法制备钙钛矿型纳米粉体催化剂及其 CO 催化氧化性能 [J]. 化学学报，2003，61（1）：13-16.

[144] 徐鲁华，翁端，吴晓东，等. $La_{(1-x)}Sr_xMn_{(0.7)}Zn_{(0.3)}O_{(3+\lambda)}$ 钙钛矿的制备及稀燃条件下氮氧化物的催化还原性能 [J]. 中国稀土学报，2002，20（4）：378-381.

[145] 翟永青，易涛，高松，等. $Ba_{(1-x)}Ca_xSn_yTi_{(1-y)}O_3$ 固溶体的合成与介电性能 [J]. 功能材料，2002，33（2）：256-257.

[146] 蒋正静，戴洁，张志兰，等. 钛酸铅的水热法制备及其光催化活性的研究 [J]. 化学世界，2002，10：522-524.

[147] Machida M，Mitsuyama T，Ikeue K，et al. Photocatalytic property and electronic structure of triple-layered perovskite tantalates $MCa_2Ta_3O_{10}$ （M = Cs，Na，H，and $C_6H_{13}$-$NH_3$） [J]. J Phys Chem B，2005，109：7801-7806.

[148] Shimizu K，Itoh S，Hatamachi T，et al. Photocatalytic water splitting on Ni-intercalated Ruddlesden-Popper tantalate $H_2La_{2/3}Ta_2O_7$ [J]. Chem Mater，2005，17：5161-5166.

[149] Kudo A，Kato H，Nakagawa S. Water splitting into $H_2$ and $O_2$ on new $Sr_2M_2O_7$ （M＝Nb and Ta）photocatalysts with layered perovskite structures：factors affecting the photocatalytic activity [J]. J Phys Chem B，2000，104：571-575.

[150] Kato H，Kudo A. Water Splitting into $H_2$ and $O_2$ on Alkali Tantalate Photocatalysts $ATaO_3$ （A＝Li，Na，and K） [J]. J Phys Chem B，2001，105：4285-4292.

[151] Machida M，Yabunaka J，Kijima T. Synthesis and photocatalytic property of layered perovskite tantalates，$RbLnTa_2O_7$ （Ln＝La，Pr，Nd，and Sm） [J]. Chem Mater，2000，12：812-817.

[152] Yin J，Zou Z，Ye J. Possible role of lattice dynamics in the photocatalytic activity of $BaM_{1/3}N_{2/3}O_3$ （M＝Ni，Zn；N＝Nb，Ta） [J]. J Phys Chem B，2004，108：8888-8893.

[153] 杨秋华，傅希贤，王俊珍，等. $La_{1-x}Sr_xFeO_3$ 光催化降解水溶性染料 [J]. 应用化学，2000，17（6）：585-588.

[154] 桑丽霞，傅希贤，白树林，等. 制备方法对 $LaFeO_3$ 及掺杂 $LaFeO_3$ 光催化活性的影响 [J]. 化学工业与工程，2000，17（6）：336-340.

[155] 杨立滨，井立强，李姝丹，等. $ABO_3$ 型钙钛矿结构的可见光光催化剂 $LaCo_{0.5}Ti_{0.5}O_3$ 的设计与合成 [J]. 高等学校化学学报，2007，28（3）：415-418.

[156] 孙尚梅，康振晋，朴栋海，等. 钙钛矿型 $La_{0.8}Sr_{0.2}CoO_3$ 的合成及其光催化活性的研究 [J]. 延边大学学报（自然科学版），2000，26（4）：285-287.

[157] 徐科，张朝平. 钙钛矿型 $NdFeO_3$ 纳米材料的制备及光催化氧化 $NO_2$ 的研究 [J]. 化学与生物工程，2005，10：26-28.

[158] 赵晓华，陈道平，娄向东，等. 钙钛矿型复合氧化物镍酸镧光催化性能研究 [J]. 河南师范大学学报（自然科学版），2005，33（2）：69-72.

[159] 杨秋华，傅希贤，桑丽霞，等. 钙钛矿型 $LaFeO_3$ 和 $SrFeO_3$ 的光催化性能 [J]. 硅酸盐通报，2003，3：15-18.

[160] 桑丽霞，傅希贤，杨秋华，等. $LaFeO_3$ 和 $SrFeO_{3-\lambda}$ 对水溶性染料的光催化降解 [J]. 环境科学与技术，2002，25（2）：4-6.

[161] Hwang D W, Lee J S, Li W, et al. Electronic Band Structure and Photocatalytic Activity of $Ln_2Ti_2O_7$ （Ln＝La, Pr, Nd）[J]. J Phys Chem B, 2003, 107：4962-4970.

[162] 管晶，梁文懂. 掺钒二氧化钛的可见光催化性能研究 [J]. 应用化工，2006，35（2）：117-119.

[163] 蔡邦宏. 铁掺杂对二氧化钛结构和光催化性能的影响 [J]. 云南大学学报，2005，27（3）：274-280.

[164] Gupta V K, Gupta M, Sharma S. Process development for the removal of lead and chromium from aqueous solutions using red mud-an aluminium industry waste [J]. Water Res, 2001, 35（5）：1125-1134.

[165] 黄韵，马晓燕，刘海林，等. 改性累托石对水溶液中 Cr（Ⅵ）的吸附 [J]. 硅酸盐学报，2005，33（2）：197-201.

[166] Ku Y, Jung I L. Photocatalytic reduction of $Cr^{6+}$ in aqueous solutions by UV irradiation with the presence of titanium dioxide [J]. Wat Res, 2001, 35（1）：135-142.

[167] Deng L, Wang H L, Deng N S. Photoreduction of chromium（Ⅵ）in the presence

of algae, Chlorella vulgaris [J]. J Hazard Mater, 2006, 138: 288-292.

[168]  魏复盛. 水和废水监测分析方法 [M]. 北京: 中国环境科学出版社, 2002: 346.

[169]  Huang L, Bassir M, Kaliaguine S. Characters of perovskite-type LaCoO$_3$ prepared by reactive grinding [J]. Mater Chem Phys, 2007, 101: 259-263.

[170]  Zer A O, Zer D O. The adsorption of copper (II) ions on to dehydrated wheat bran (DWB): determination of the equilibrium and thermodynamic parameters [J]. Process Biochem, 2004, 39: 2183-2191.

[171]  Namasivayam C, Prathap K. Recycling Fe (III)/Cr (III) hydroxide, an industrial solid waste for the removal of phosphate from water [J]. J Hazard Mater B, 2005, 123: 127-134.

[172]  Li Y, Yue Q Y, Gao B Y, et al. Adsorption thermodynamic and kinetic studies of dissolved chromium onto humic acids [J]. Colloids Surf, B: Biointerfaces, 2008.02.014.

[173]  Raji C, Anirudhan T S. Batch Cr$^{6+}$ removal by polyacrylamide grafted sawdust: kinetics and thermodynamics [J]. Water Res, 1998, 32: 3772-3780.

[174]  杨波, 马玉龙. 铜离子-氧化锌/十六烷基铵基吡啶-蒙脱石吸附大肠杆菌的能力 [J]. 硅酸盐学报, 2007, 35 (12): 1661-1665.

[175]  Briggs D, Seah M P. Practical surface analysis Vol. 1 [M]. New York : John Wiley & Sons, 1993: 533.

[176]  Olefjord I, Marcus P. A round robin on combined electrochemical and AES/ESCA characterization of the passive films on Fe-Cr and Fe-Cr-Mo alloys [J]. Corros Sci, 1988, 28: 589-602.

[177]  Beccaria A M, Castello G, Poggi G. Influence of passive film composition and sea water pressure on resistance to localised corrosion of some stainless steels in sea water [J]. British Corros J, 1995, 30: 283-287.

[178]  Matsubara E, Inoue H, Oku M, et al. XPS/GIXS Study of Thin Oxide Films Formed on the Fe-40%Cr Alloy with Trace of Manganese [J]. Scripta Mater, 1997, 36: 841-845.

[178]  陈晓国, 潘新朋, 杨红刚, 等. 不同光源下 TiO$_2$ 膜对 MC-RR 光催化降解的比较研究 [J]. 农业环境科学学报, 2005, 24 (1): 46-49.

[180]  黄韵, 马晓燕, 刘海林, 等. 改性累托石对水溶液中 Cr (VI) 的吸附 [J]. 硅

酸盐学报，2005，33（2）：197-201.

[181] 张琳，肖玫，吴峰，等. 光化学还原法处理 $Cr^{6+}$ 模拟废水的试验研究 [J]. 水处理技术，2005，31（6）：35-37.

[182] 刘淑云，李小明，曾光明. 含 $Cr^{6+}$ 废水处理研究进展 [J]. 湖南城市学院学报，2006，15（2）：66-68.

[183] Dinatale F, Lancia A, Molino A, et al. Removal of chromium ions form aqueous solutions by adsorption on activated carbon and char [J]. J Hazard Mater, 2007, 145: 381-390.

[184] Nicola J P, Michael R H. Mathematical model of a photocatalytic fiber-opticcable reactor for heterogeneous photocatalytic [J]. Env Sci Tech, 1998, 32（3）: 398-404.

[185] Hu C, Tang Y, Yu J C. Photocatalytic Degradation of Cationic Blue X-GRL Adsorbed on $TiO_2/SiO_2$ Photocatalyst [J]. Appl Catal B: Environ, 2003, 40: 131-140.

[186] Araña J, Doña Rodríguez J M, González Díaz O. The Effect of Acetic Acid on the Photocatalytic Degradation of Catechol and Resorcinol [J]. Appl Catal, A, 2006, 299: 274-284.

[187] Renzi C, Guillard C, Herrman J M. Effects of Methanol, Formamide, Acetone and Acetate Ions on Phenol Disappearance Rate and Aromatic Products in UV-Irradiated $TiO_2$ Aqueous Suspensions [J]. Chemosphere, 1997, 35: 819-826.

[188] Deng B, Stone A T. Surface-catalyzed chromium（Ⅵ）reduction: The $TiO_2$ mandelic acid system a [J]. Environ Sci Technol, 1996, 30: 463-472.

[189] Deng B, Stone A T. Surface-catalyzed chromium（Ⅵ）reduction: The $TiO_2$ mandelic acid system b [J]. Environ Sci Technol, 1996, 30: 2484-2494.

[190] Wittbrodt P R, Palmer C D. Reduction of Cr（Ⅵ）in the presence of excess of soil fulvic acid [J]. Environ Sci Technol, 1995, 29: 255-263.

[191] 孙俊. $Al^{3+}$、$Fe^{3+}$ 对有机酸还原 $Cr^{6+}$ 的催化作用研究 [D]. 南京：南京农业大学，2007.

[192] Ohno T, Tokieda K, Higashada S, et al. Synergism between rutile and anatase $TiO_2$ particles in photocatalytic oxidation of naphthalene [J]. Appl Catal A: Gen-

eral，2003，244（2）：383-391.

[193] 宋强，曲久辉. 光电协同效应降解饮用水中邻氯苯酚的机理和动力学 [J]. 中国科学（B辑），2003，33（1）：80-88.

[194] Kraeutler B，Bard A J. Photoelectrosynthesis of ethane from acetate ion at an n-type titanium dioxide electrode. The photo-kolbe reaction [J]. J Am Chem Soc，1977，99（23）：7729-7731.

[195] Araña J，González Díaz O，Doña Rodríguez J. M，et al. Role of $Fe^{3+}/Fe^{2+}$ as $TiO_2$ dopant ions in photocatalytic degradation of carboxylic acids [J]. J Mol Catal，2003，197：157-171.

[196] Tzou Y M，Wang S L，Wang M K. Fluorescent Light Induced $Cr^{6+}$ Reduction by Citrate in the presence of $TiO_2$ and Ferric Ions [J]. Colloids Surf A，2005，253：15-22.

[197] Araña J，Rodríguez López V M，Doña Rodriguez J M. The Effect of Aliphatic Carboxylic Acids on the Photocatalytic Degradation of P-nitrophenol [J]. Catal Today，2007，129：185-193.

[198] Bussel M，Marcus P. XPS Study of the Passive Films Formed on Nitrogen-Implanted Austenitic Stainless Steels [J]. Appl Surf Sci，1992，59：7-21.

[199] Grimal J M，Marcus P. The Anodic Dissolution and Passivation of Ni-Cr-Fe Alloys Studied by ESCA [J]. Corros Sci，1992，33（5）：805-814.

[200] 李琛. 有机酸还原 $Cr^{6+}$ 反应动力学及其影响因素研究 [D]. 南京：南京农业大学，2006.

[201] Krumpolc M，Rocek J. Stable chromium（Ⅴ）compounds [J]. J Am Chem Soc，1976，98：872-873.

[202] Levina A，Lay P A. Mechanistic studies of relevance to the biological activities of chromium [J]. Coord Chem Rev，2005，249：281-298.

[203] Stypula B，Stoch J. The characterization of passive films on chromium electrodes by XPS [J]. Corros Sci，1994，36：2159-2167.

[204] Olofa C，Hornstrom O S. An AES and XPS study of the high alloy austenitic stainless steel 254 SMO® tested in a ferric chloride solution [J]. Corros Sci，1994，36：141-151.

[205] Merritt K, Milard M, Wortman R S, et al. XPS analysis of 316 LVM corroded in serum and saline [J]. Biomat, Med Dev, Art Org, 1983, 11: 115-124.

[206] Tzou Y M, Wang M K, Loeppert R H. Effect of N-hydroxyethyl-ethylenediamine-triacetic acid (HEDTA) on $Cr^{6+}$ reduction by Fe (Ⅱ) [J]. Chemosphere, 2003, 51: 993-1000.

[207] Stevenson F J, Fitch A. Interaction of soil minerals with natural organics and microbes [M]. Madison: SSSA Special Publication, 1994, 29.

[208] Marschner H. Mineral Nutrition of Higher Plants [M]. London: Academic Press, 1995, 912.

[209] Jones D L, Darrah P R, Kochian L V. Critical-evaluation of organic-acid mediated iron dissolution in the rhi zosphere and its potential role in root iron uptake [J]. Plant and Soil, 1996, 180: 57-66.

[210] Stumm W. Chemistry of the solid-water Interface: processes at the mineral-water and particle-water interface in natural systems [M]. New York: John Wiley & Sons Inc, 1992, 337.

[211] Buerge I J, Hug S J. Influence of organic ligands on chromium (Ⅵ) reduction by iron (Ⅱ) [J]. Environ Sci Technol, 1998, 32: 2092-2099.

[212] Tzou Y M. Surface and solution abiotic processes in the redox transformations of chromium [D]. Texas: Texas A&M University, 2001.

[213] Yao W F, Xu X H, Wang H, et al. Photocatalytic property of perovskite bismuth titanate [J]. Appl Catal, B, 2004, 52: 109-116.

[214] 蒋茹, 朱华跃, 管玉江, 等. 活性炭负载壳聚糖/纳米 CdS 复合粒子对甲基橙的脱色作用 [J]. 信阳师范学院学报 (自然科学版), 2009, 22 (1): 106-109.

[215] Allison J D, Brown D S, Novo-Gradac K J. A Geochemical Assessment Model for Environmental Systems: Version 3.0 User's Manual [M]. Washington, DC: US Environmental Protection Agency, 1991.